高职高专计算机类系列教材

Linux系统基础与应用实践

杨 浩 编著

U0379754

西安电子科技大学出版社

内 容 简 介

本书以 CentOS 6.5 为例，系统介绍了 Linux 系统的基础知识。全书共分 11 章，内容包括 Linux 操作系统概述、Linux 操作系统安装及远程登录、Linux 操作系统常用命令、软件包管理、用户及用户组管理、权限管理、文件系统管理、Shell 基础知识、Shell 编程、系统管理与系统维护。

本书在每章的开头首先提出了本章的学习目标，以帮助读者统揽全章、明确学习目标和梳理知识，同时各章都精心设计了大量的例题、习题和上机训练，以使读者能更好地学习和更牢固地掌握 Linux 系统基础知识与实操技能。

本书简明实用，可以作为高职院校计算机网络技术、嵌入式技术与应用、云计算技术与应用、大数据技术与应用及移动应用开发等专业学习 Linux 系统基础知识的教材，也可供 Linux 服务器运维管理等工程技术人员参考。

图书在版编目(CIP)数据

Linux 系统基础与应用实践 / 杨浩编著. —西安：西安电子科技大学出版社，2019.9
(2021.11 重印)
ISBN 978 - 7 - 5606 - 5457 - 7

Ⅰ. ① L… Ⅱ. ① 杨… Ⅲ. ① Linux 操作系统—高等职业教育—教材 Ⅳ. ① TP316.85

中国版本图书馆 CIP 数据核字(2019)第 185637 号

策划编辑 李惠萍
责任编辑 张 玮
出版发行 西安电子科技大学出版社(西安市太白南路 2 号)
电　　话 (029)88202421 88201467　　　　邮　　编 710071
网　　址 www.xduph.com　　　　　　电子邮箱 xdupfxb001@163.com
经　　销 新华书店
印刷单位 陕西日报社
版　　次 2019 年 9 月第 1 版　　2021 年 11 月第 2 次印刷
开　　本 787 毫米×1092 毫米　1/16　印 张 14
字　　数 312 千字
印　　数 3001～4000 册
定　　价 33.00 元

ISBN 978 - 7 - 5606 - 5457 - 7 / TP
XDUP 5759001-2
如有印装问题可调换

前　言

　　本书是针对高职院校计算机网络技术、嵌入式技术与应用、云计算技术与应用、大数据技术与应用及移动应用开发等专业编写的用于学习 Linux 网络操作系统基础知识的教材，全书以 CentOS 6.5 版本为例展开介绍。作者结合高职院校计算机类相关专业学生的实际特征，依据专业人才培养目标定位，在充分分析 Linux 系统基础知识在高职高专计算机类新型专业课程体系中的地位和作用的基础上，经认真梳理、深思细究后提炼出本书的具体编写大纲。书中剔除了繁杂的理论叙述，以简明扼要的语言、简洁清晰的架构，并辅以大量的例题和习题讲解了 Linux 网络操作系统基础知识及运维管理。

　　为了确保质量，本书以"去繁就简、浅显易懂、学做一体、理实结合"为编写原则，以激发学习兴趣为抓手，通过大量的具体实例来介绍相关知识点，力求降低学习难度，消除枯燥感，增强趣味性，促使学生维持较强的学习动机。为了帮助学生记忆 Linux 命令，书中大部分命令都给出了它的来源；为了帮助学生强化知识学习与技能训练，书中精心设计和筛选了多道例题、习题以及上机练习，具有很强的针对性和适用性；每章开头首先提出了本章的学习目标，既可以帮助学习者明确学习要求、进行高效学习，又便于系统复习、梳理本章主要内容；每章末尾配套了相应习题和上机训练，涵盖了本章的主要知识点和技能点，对巩固本章知识学习和技能训练具有重要作用。希望读者能及时完成这些习题并反复训练。通过对本书内容的学习，可为读者进一步深入学习 Hadoop、Spark、Java、云计算平台搭建及开发、服务器运维、嵌入式系统开发以及物联网技术等课程奠定坚实的 Linux 系统基础。

　　建议在网络多媒体教学环境下开展教学，在教学过程中，注重理论讲解与例题实操相结合，边学边做，边做边学；对于较难理解的命令、选项和参数，可以先从例题切入，再理论讲解。在实操训练中建议参照"教师示范→学生模仿→教师个别指导、集中释疑→学生展示汇报→学生(小组)互评→教师点评(肯定成绩、揭示错误)→学生反思(纠正偏差、巩固提高)"的教学模式展开教学，以最大程度地发挥学生学习的自主性，提高学生学习过程的参与度。

全书共分 11 章，由杨浩构思、编写及最终审定。

在编写本书过程中，作者参考了大量的网络资料和相关书籍，同时受到了山西师范大学杨威教授的悉心指导和榆林职业技术学院付艳芳老师的全力帮助，也得到了西安电子科技大学出版社的大力支持以及榆林职院杨慧娟、吴三斌、高浩、何世轩、张全红等老师的帮助，在此一并表示衷心的感谢！

本书受榆林职业技术学院专项资金支持，属于陕西省教育厅 2018 年度专项科学研究计划项目(编号：18JK1218)研究成果。

由于编者学识水平欠缺，书中不妥之处在所难免，希望同行专家和广大读者批评指正！

杨　浩

2019 年 6 月 15 日

目 录

第 1 章　Linux 操作系统概述

本章学习目标

1. 了解 Linux 操作系统的发展简史。

2. 了解 Linux 的内核版本和主要的发行版本。

3. 了解 Linux 系统源代码开放、跨平台硬件支持、丰富的软件支持特性和健壮的多用户多任务支持特性，以及安全性、稳定性和完善的网络功能。

4. 熟练掌握 Linux 文件系统结构、常用目录及其作用以及 Linux 系统的文件类型。

　　Linux 是在 Unix 基础上发展起来的一个可以免费使用、自由传播的操作系统，它继承了 Unix 以网络为核心的设计思想，是一个性能稳定、安全可靠、应用广泛的多用户、多任务、多线程和多 CPU 支持的网络操作系统。它支持 32 位和 64 位硬件，主要运行于服务器上。

　　Linux 存在着许多不同的版本，但它们都使用了 Linux 内核。Linux 可安装在各种计算机硬件设备，比如手机、平板电脑、路由器、视频游戏控制台、台式计算机、大型机和超级计算机上。

　　严格意义上讲的 Linux，实际上指的是 Linux 内核(Linux Kernel)。它负责管理系统硬件，并为上层应用提供服务。但人们已经习惯了将基于 Linux 内核并且使用 GNU 各种工具和数据库的操作系统称做 Linux 操作系统。

1.1　Linux 操作系统的发展过程

　　Linux 操作系统的诞生、发展经历了漫长的过程，也取得了辉煌的成就。

　　1991 年，GNU(是一个关于 Linux 的标准)计划已经开发出了许多工具软件，最受期盼的 GNU C 编译器已经出现，GNU 的操作系统核心 HURD(HIRD of Unix Replacing Daemons)一直处于实验阶段，没有任何可用性，但是 GNU 奠定了 Linux 的用户基础和开发环境。

　　同年，林纳斯·托瓦兹(Linus Torvalds)开始在一台 386sx 兼容微机上学习 Minix 操作系统。4 月，林纳斯·托瓦兹开始酝酿并着手编制自己的操作系统。10 月 5 日，林纳斯·托瓦兹在 comp.os.minix 新闻组上发布消息，正式向外宣布 Linux 内核的诞生(Freeminix-like Kernel Sources for 386-AT)。

　　1993 年，大约有 100 余名程序员参与了 Linux 内核代码编写(修改)工作。1994 年 3 月，Linux 1.0 内核发布，代码量为 17 万行，当时是按照完全自由免费的协议发布的，随后正式采用 GPL(General Public License，通用性公开许可证)协议。1995 年 1 月，鲍勃·杨(Bob Young)创办了 Red Hat(红帽子)，以 GNU/Linux 为核心，集成了 400 多个源代码开放的程序模块，开发出了 Red Hat Linux，称为 Linux "发行版"。1996 年 6 月，Linux 2.0 内核发布，此内核有大约 40 万行代码，同时可以支持多个处理器，此时的 Linux 已经进入了实用阶段，全球用户数达到 350 多万。

　　1998 年 2 月，以埃里克·雷蒙德(Eric Raymond)为首的一批年轻人创办了 "Open Source Intiative"(开放源代码促进会)，掀起了一场历史性的 Linux 产业化运动。2001 年 1 月，Linux 2.4 内核发布，它进一步提升了 SMP(Symmetrical Multi-Processing，对称多处理技术)，是指在一个计算机上汇集了一组处理器，各 CPU 之间共享内存子系统以及总线结构系统的扩展性，同时也集成了很多用于支持桌面系统的特性：USB、PC 卡(PCMCIA)的支持，内置的即插即用等功能。2003 年 12 月，Linux 2.6 内核发布，相对于 2.4 版本，2.6 版本在系统支持方面发生了很大变化。2004 年 3 月，SGI 宣布成功实现了 Linux 操作系统支持 256 个 Itanium 2 处理器的目标。Linux 发展非常迅速，几乎每 8～10 周就会有一个新的 Linux 内核版本出现，目前最新的 Linux 内核版本为 6.x。

1.2　Linux 的版本

Linux 的版本有内核版本和发行版本之分。

1.2.1　Linux 内核版本

内核版本是 Linux 内核的版本号。Linux 内核是系统的心脏，是运行程序和管理系统硬件的核心程序，它为应用程序访问裸机提供了接口。这样，程序在访问设备时，本身不需要了解底层设备的技术细节。内核版本不能被用户直接使用。

内核的开发和规范一直是由 Linus(林纳斯)领导的开发小组控制着，开发小组每隔一段时间会公布新的版本或其修订版，从 1991 年 10 月 Linus 向世界公开发布内核 0.0.2 版本以来，已发展到目前最新的内核 6.x 版本，Linux 的功能越来越强大。

Linux 内核的版本号命名遵循一定的规则，版本号的格式通常为"主版本号.次版本号.修正号"。主版本号和次版本号标志着重要的功能变动，修正号表示较小的功能变更。以 Linux 4.14.14 版本为例，该内核的主版本号为 4，次版本号为 14，修正号为 14。其中次版本号还有特定的意义：如果是偶数数字，就表示该内核是一个可以放心使用的稳定版；如果是奇数数字，则表示该内核是一个测试版本。如 2.5.74 表示一个测试版的内核，2.6.22 表示一个稳定版的内核。我们可以到 Linux 内核官方网站 http://www.kernel.org/ 下载最新的内核代码。

1.2.2　Linux 发行版本

仅有内核而没有应用软件的操作系统是无法使用的，所以许多公司或社团将内核程序、源代码及相关的应用程序组织在一起，构成一个个完整的操作系统，让一般用户可以简便地安装和使用 Linux，这就是所谓的发行(Distribution)版本。通常所说的 Linux 系统就是针对这些发行版本的。目前各种发行版本很多，它们的发行版本号各不相同，所使用的内核版本号也可能不同，下面介绍目前比较著名的几个发行版本。

1. Red Hat Linux

Red Hat(红帽子)是最成功的 Linux 发行版本之一，它的特点是安装和使用简单。Red Hat 可以让用户很快享受到 Linux 的强大功能而免去繁琐的安装与设置工作。Red Hat 是全球最流行的 Linux，其稳定性赢得了广大用户的青睐，但是需要付费。Red Hat 的官方网站为 http:// www.redhat.com/。

2. Debian

Debian 是一个庞大的开源软件架构，运行起来极其稳定，而且具有非常友好的用户界面，非常适合于服务器的部署。

3. Gentoo

与 Debian 一样，Gentoo 这款操作系统也包含数量众多的软件包。Gentoo 并非以预编译的形式出现，而是每次需要针对每个系统进行编译。它被认为是最佳的 Linux 学习对象，有助于深入了解 Linux 的内部运作原理。

4. Ubuntu

Ubuntu 是 Debian 的一款衍生版，也是当今最受欢迎的免费操作系统。Ubuntu 在服务器、云计算甚至一些移动设备上很常见。它使用 APT 软件管理工具来安装和更新软件。它也是最容易使用的发行版之一。

5. 红帽子企业级 Linux

红帽子企业级 Linux 是第一款面向商业市场的企业级 Linux 发行版，所以不是免费的。不过，可以下载用于教学用途的测试版。它有服务器版本，支持众多处理器架构，包括 x86 和 x86_64。红帽子版本提供了非常多的稳定版应用程序，它把太多的旧程序包打包起来，使得其支持成本确实相当高。不过，如果安全是关注的首要问题，那么红帽子企业级 Linux 的确是款完美的发行版。它使用 YUM 程序包管理器。

6. CentOS

CentOS 也是一款企业级 Linux 发行版，它使用红帽子企业级 Linux 中的免费源代码重新构建而成。在界面及操作方面它与红帽子版本如出一辙，如果不想花钱使用红帽子版，可以通过免费使用 CentOS 来领略红帽子企业级 Linux。它同样使用 YUM 程序包管理器。CentOS 在企业中的应用也非常广泛。

其他发行版本可以参阅 https://blog.csdn.net/weixin_42139375/article/detai ls/82146049，这里不再一一介绍。

1.3　Linux 系统的主要特征

Linux 是应用很广泛的主流操作系统，主要用于服务器领域。相对于 Windows 操作系统，Linux 系统具有如下主要特征：

1. 开放的源代码

Linux 内核代码是开放的，绝大多数发行版也是开源免费的，免费的 Linux 系统为服务器的部署节省了大量的软件开支，特别是大型网络服务公司。

2. 良好的跨平台硬件支持特性

由于 Linux 的内核大部分是用 C 语言编写的，并采用了可移植的 Unix 标准应用程序接口，所以它支持如 i386、Alpha、AMD 和 Sparc 等系统平台，以及从个人电脑到大型主机、甚至包括嵌入式系统在内的各种硬件设备。

3．丰富的软件支持特性

与其他的操作系统不同的是，安装 Linux 系统时，连同用户常用的一些办公软件、图形处理工具、多媒体播放软件和网络工具等都被自动安装，无需另外安装。而对于程序开发人员来说，Linux 更是一个很好的操作平台，在 Linux 的软件包中，包含了多种程序语言与开发工具，如 gcc、cc、C++、Tcl/Tk、Perl 等。

4．健壮的多用户多任务支持特性

和 Unix 系统一样，Linux 系统是一个真正的多用户多任务的操作系统。多个用户可以各自拥有和使用系统资源，即每个用户对自己的资源(例如文件、设备)有特定的权限，互不影响，多个用户可以在同一时间以网络联机的方式独立地使用计算机系统资源。

5．可靠的安全特性

Linux 系统是一个具有先天病毒免疫能力的操作系统，很少受到病毒攻击。对于一个开放式系统而言，在方便用户的同时，很可能存在安全隐患。不过，利用 Linux 自带的防火墙、入侵检测和安全认证等工具，及时修补系统的漏洞，就能大大提高 Linux 系统的安全性，让黑客们无机可乘。

6．良好的稳定性

Linux 内核的源代码是以标准规范的 32 位(或 64 位)的计算机来做的最佳设计，可确保其系统的稳定性。正因为 Linux 良好的稳定性，才使得一些安装了 Linux 的主机像安装了 Unix 的主机一样常年不关也不曾宕机。

7．完善的网络功能

Linux 内置了很丰富的免费网络服务器软件以及数据库和网页开发工具，如 Apache、Sendmail、VSFtp、SSH、MySQL、PHP 和 JSP 等。近年来，越来越多的企业看到了 Linux 这些强大的功能，利用 Linux 担任全方位的网络服务器。

1.4 Linux 系统的应用领域

Linux 以其独特的优势在服务器领域和嵌入式系统等重要领域得到了广泛的应用。

1.4.1 服务器领域的应用

Linux 开源免费、安全稳定以及完善的网络服务等特性，使得它在服务器领域有了广泛的用途，特别是在商业平台、军事、金融等领域应用更加广泛。如腾讯、淘宝等很多大公司都采用 Linux 作为服务器操作系统，在如此敏感的业务环境和巨大的访问负载下，Linux 系统的安全性、稳定性、健壮性等优良特点得到了进一步的检验。特别值得一提的是，微软公司也采用 Linux 作为服务器操作系统。

小知识 www.netcraft.com(服务器操作系统查询网站),可以通过该网站查询任何服务器所使用的 OS(操作系统)、IP 地址、Web 服务器、所在地等信息。

1.4.2 嵌入式系统中的应用

Linux 在嵌入式领域也有非常广泛的用途,如手机、平板电脑、各种家电设备等。Android(安卓)操作系统和 IOS 操作系统是应用非常广泛的两种手机操作系统,其底层都是 Linux 系统。智能家电的机顶盒、智能驾驶系统、智能卡系统、航空系统等底层操作系统都是 Linux 系统。

Linux 系统短小精悍、对硬件要求很低的特征,使其在云计算平台搭建、大数据分析平台搭建等新兴 IT 领域具有非常广阔的应用前景。

1.5 Linux 文件系统结构

Linux 文件系统也是按树形结构设计的,但它不像 Windows 系统那样,将一块物理硬盘逻辑划分为 C 盘、D 盘、E 盘等几个对等的逻辑盘,再在每个逻辑盘上都建立一个根目录。在 Linux 中,只有一个根目录,其他所有目录都在根目录之下,根目录用"/"表示。Linux 文件结构如图 1-1 所示。

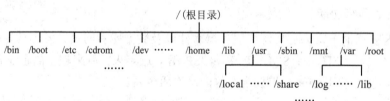

图 1-1 Linux 文件系统结构

系统默认在根目录下创建了一些具有固定名称的目录,这些目录往往也具有专门的用途,当然用户也可以创建自己的目录。表 1.1 是 Linux 系统中的主要目录文件的简要说明。

表 1.1 Linux 系统中的主要目录文件

序号	目录文件	说　　明
1	/(根目录)	是所有的目录、文件、设备的父目录,用户也可以在根目录之下有规划地创建自己的目录
2	/bin	一般存放二进制(binary)可执行文件和常用命令
3	/boot	存放 Linux 的内核及引导系统程序所需要的文件
4	/cdrom	用于挂载光盘驱动器
5	/dev	用于存放系统外部设备(device),外部设备作为文件存放在该目录下,用户可以通过设备名方便地访问外部设备,所以这个设备文件实际上是用户访问外部设备的端口

序号	目录文件	说　　明
6	/etc	是 Linux 系统中非常重要的目录之一，存放着系统运行、管理所需要的各种配置文件和相关子目录
7	/home	普通用户的家目录，当创建一个新用户时，系统会自动在该目录下创建以用户名为目录名的目录作为该用户的家目录。如当创建一个 user 用户时，会自动创建/home/user 目录，作为 user 用户的家目录
8	/lib	用来存放系统动态链接共享库(library)，几乎所有的程序运行都会用到该目录下的共享库，如果共享库丢失，系统的某些程序就不能正常运行
9	/lost+found	在 ext2(第二代文件扩展系统，second extended filesystem)或 ext3 文件系统中，该目录存放当系统意外崩溃或机器意外关机时而产生的一些文件碎片。当系统启动的过程中 fsck(文件系统校验，file system check 的缩写)工具会检查这里，并修复已经损坏的文件系统。另外，当系统出现故障时，有很多的文件也被移到这个目录中，当故障恢复后，可以用手工方式进行修复，或将文件移到原来的目录
10	/mnt	一般用作储存设备的挂载目录，如光盘、U 盘等
11	/media	可以使用这个目录来挂载那些 USB 接口的移动硬盘(包括 U 盘)、CD/DVD 驱动器等
12	/opt	存放用户安装的软件，默认是空的。一般安装软件的时候，用户指定安装到这个目录下，便于查找和管理
13	/proc	提供了在运行时访问内核数据结构、改变内核设置的机制。习惯把/proc 目录称为伪文件系统，其存放的信息量非常大。它只存在内存当中，而不占用外存空间。它以文件系统的方式为访问系统内核数据的操作提供接口。用户和应用程序可以通过 proc 得到系统的信息，并可以改变内核的某些参数。由于系统的信息是动态改变的(如进程)，所以用户或应用程序读取 proc 文件时，proc 文件系统是动态从系统内核读出所需信息并提交的
14	/root	具有 Linux 超级权限的 root 用户的家目录
15	/sbin	用来存放系统管理员 root 的系统管理程序，只有超级权限用户 root 可以执行该目录下存放的命令，而普通用户无权限执行。与/sbin 目录类似，/usr/sbin、/usr/X11R6/sbin 和/usr/local/sbin 目录下的命令也只有 root 有权限执行
16	/selinux	SELinux(Security Enhanced Linux)的一些配置文件目录，SELinux 可以让 Linux 更加安全
17	/srv	Srv(Service)在有服务启动后，用来存放相关服务的数据，例如，www 服务启动读取的网页数据就可以放在/srv/www 中

序号	目录文件	说　　明
18	/tmp	临时文件目录，用来存放不同程序执行时产生的临时文件。/var/tmp 目录和这个目录相似
19	/usr	这是 Linux 系统中占用硬盘空间最大的目录。用户的很多应用程序和文件都存放在这个目录下。在这个目录下，可以找到那些不适合放在/bin 或/etc 目录下的额外的工具
20	/usr/local	主要存放那些手动安装的软件，该目录和/usr 目录具有相类似的目录结构
21	/usr/share	用来存放可共享的系统资源。比如/usr/share/fonts 是字体目录，/usr/share/doc 和/usr/share/man 是帮助文件目录
22	/var	其内容是经常变化(vary)的。比如/var/log 目录为存放系统日志的目录，/var/www 目录存放 Apache 服务器站点；/var/lib 用来存放一些库文件，如 MySQL 数据库等

1.6　Linux 文件类型

Linux 文件系统中主要有普通文件、目录文件、链接文件、设备文件、套接字文件和管道文件等六种主要文件类型。

1. 普通(regular)文件

普通文件就是一般意义上的文件，执行 ls –al 命令后，每一条记录就是一个文件，每一条记录的行首符号为 “-” 的文件就是普通文件。例如：在根目录下，执行 ls -la 命令会显示该目录下的所有文件，其中的一个文件显示如下：

-rw-r--r--.　1 root root　　　0 May　8 10:23 .autofsck

行首 “-” 符号说明该文件是普通文件；文件名 “.autofsck” 以 “.” 开头，说明该文件是隐藏文件。

另外，依照文件内容的不同，普通文件又大致可分为纯文本文件、二进制文件和数据文件等三类：

(1) 纯文本文件(ASCII)。纯文本文件是 Linux 文件系统中最多的一种文件类型，系统中的所有配置文件几乎都属于纯文本文件类型。纯文本文件可以通过 cat 命令查看其内容。例如，执行 cat /tec/passwd 命令可以查看用户配置文件 passwd 的相关信息。

(2) 二进制(binary)文件。二进制文件是 Linux 中的可执行文件格式。举例来说，命令 cat、vi 和 pwd 等就是可执行二进制文件。

(3) 数据(data)文件。具有统一数据格式的文件被称为数据文件(data file)。比如在用户登录 Linux 系统时，会自动将登录数据记录在 /var/log/wtmp 文件中，该文件内容可以通过 last 命令读取，但是不能使用 cat 命令，因为 wtmp 文件是有特定格式的，用 cat 命令读取会产生乱码。

2．目录(directory)文件

目录文件就是普通意义上说的目录，相当于 Windows 系统中的文件夹。执行 ls -l 命令后，显示列表中行首字符为"d"的文件就是目录文件。例如：

drwxr-xr-x. 2 root root　　4096 Apr 26 17:53 etc

行首字母为"d"，说明 etc 文件是一个目录文件。

3．链接(link)文件

链接文件可以用 ln [-s]命令创建。链接文件包括硬链接(hard link)文件和软链接(soft link)文件。软链接文件类似 Windows 系统中的快捷方式，是一个指向实际文件的符号，其文件类型用"l"表示；硬链接文件类似于源文件的一个拷贝，与拷贝不同的是，硬链接文件与源文件可以同步修改，硬链接文件与源文件具有相同的 Inode 号，其文件类型用"-"表示。

4．设备(device)文件

Linux 系统以文件为单位来管理系统资源，所有的系统设备都属于文件，设备文件就是与系统外设及存储设备等相关的一类文件，这类文件通常都存放在 /dev 目录下。设备文件通常又可分为两种：

(1) 块设备文件(block device)。系统中能够按块随机访问的设备被称作块设备，最常见的块设备有硬盘、软盘、CD-ROM、闪存等。块设备文件类型用"b"表示，它一般存储在 /dev 目录下。例如第一块 SCSI 硬盘的第一个分区的设备文件名为 /dev/sda1，执行 ls -l /dev/ 命令可以得到如下 sda1 设备文件信息：

brw-rw----. 1 root disk　　8,　1 May　8 10:23 sda1

行首字符"b"表示块设备文件，设备文件名"sda1"表示第一块 SCSI 硬盘的第一个分区。

(2) 字符设备文件(character device)。按照字符流的方式被有序访问的设备就是字符设备，即串行端口的接口设备。例如键盘、鼠标、控制台、LED 设备和其他串口设备等都是字符设备。字符设备文件类型用"c"表示。

5．套接字(sockets)文件

套接字文件通常用于进程间的通信。服务器可以启动一个程序来监听客户端的请求，客户端就可以通过套接字来进行数据通信。套接字文件类型用"s"表示。例如/dev/log 就是套接字文件：

srw-rw-rw-. 1 root root 0 May　8 10:23 /dev/log

6．管道(pipe)文件

管道文件是一种特殊的文件类型，用于解决多个程序同时存取一个文件时所产生的错误。管道文件的文件类型用"p"表示。

习题与上机训练

1.1　简述 Linux 系统的发展简史。

1.2　Linux 系统的内核版本和发行版本有什么联系？主要的发行版本有哪些？

1.3　Linux 系统的主要特征有哪些？

1.4　简述 Linux 系统的主要应用领域。

1.5　通过 www.netcraft.com 网址，查询微软公司、淘宝公司、百度公司等大型公司的服务器使用的是什么操作系统。

1.6　简述 Linux 文件系统结构及默认生成的主要文件目录，并说明其主要用处。

1.7　Linux 文件系统所包含的主要文件类型有哪些？

第 2 章　Linux 操作系统安装及远程登录

本章学习目标

1. 熟练掌握 Virtual Machine ware 虚拟机软件的安装方法、基本配置和基本操作；掌握在 Virtual Machine ware 中创建虚拟机、配置虚拟机、克隆虚拟机、创建虚拟机快照的方法。

2. 理解 Linux 分区类型、格式化、磁盘文件命名规则及磁盘挂载等相关概念，熟练掌握 Linux 系统的安装、分区、格式化和磁盘挂载的操作过程。

3. 熟练掌握桥接模式（Bridged）、地址转换模式(NAT)和仅主机模式(Host-Only)等三种虚拟机网络链接模式及相应的网络配置方法。

4. 会使用远程管理工具 SecureCRT 登录 Linux，并进行远程操作。

5. 会使用 WinSCP 工具在虚拟机和物理机之间进行文件传递。

2.1 VMware 安装与使用

2.1.1 VMware 的安装

VMware(虚拟机,是 Virtual Machine ware 的缩写)是美国 VMware 公司推出的一款虚拟主机软件,在实际中得到了广泛的应用。VMware 软件可以在一台物理主机上虚拟出若干台虚拟机,在使用过程中,每台虚拟主机就像一台独立的物理主机,可以单独运行各自的操作系统而互不干扰。运行不同操作系统的虚拟机时相互之间可以像独立的物理主机一样进行网络通信,也可以与其他物理主机通信。虚拟机安装好后,可以随时对虚拟机硬件配置进行设置。

目前已发布的 VMware 最新版本是 VMware Workstation Pro 14.1.1。下面以 VMware Workstation 10 的安装为例说明虚拟软件的安装过程。

VMware Workstation 10 可以安装在 Windows 7、Windows 8 等 Windows 系列操作系统上,VMware Workstation 10 对硬件配置要求不高,建议 CPU 主频为 2 GHz 以上、内存为 4 GB 以上,目前的硬盘容量完全可以满足(建议有 8 GB 空闲空间)。当然,如果要在同一台物理 PC 上创建更多的虚拟机,则需要物理 PC 具有更高的配置。下面进行具体安装。

第一步:从 https://www.vmware.com/官方网站下载 VMware Workstation 10。

第二步:双击 VMware Workstation 10 安装图标,启动安装程序。安装过程需注意以下几点:

通常我们选择"典型安装",同时不把程序安装在系统盘(C:\),所以需要修改安装目录。另外取消"Check for product updates on startup"复选框,否则每次启动虚拟机时都询问是否升级系统,接着取消"Help improve VMware Workstation"复选框,即不参加 VMware Workstation 团队体验。

虚拟机安装过程非常简单,按系统提示即可顺利完成,这里不再赘述。

2.1.2 VMware 的基本操作

1. 创建虚拟机

下面我们在 VMware Workstation 10 软件中创建一台虚拟机,具体步骤如下:

第一步:启动 VMware Workstation 10 系统,如图 2-1 所示,双击"创建新的虚拟机"图标,在弹出的对话框中选择"典型(推荐)(T)",点击"下一步"按钮,弹出如图 2-2 所示的对话框。

第二步:选择"稍后安装操作系统(S)"选项,创建一个包含空硬盘的虚拟机,然后单击"下一步"按钮,弹出如图 2-3 所示的对话框。

图 2-1 VMare Workstation 10 主界面

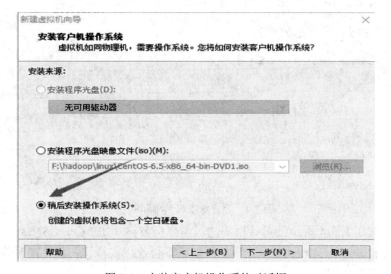

图 2-2 安装客户机操作系统对话框

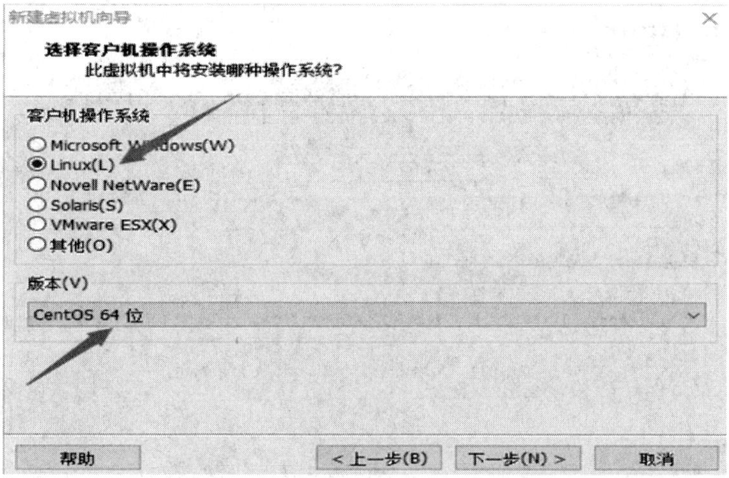

图 2-3 选择具体的操作系统和版本

注意：图 2-2 所示对话框供用户选择操作系统的安装方式："安装程序光盘(D)"选项表示用光盘安装；"安装程序光盘映像文件(iso)(M)"选项表示通过.iso 镜像文件安装，这时需要选择合适的镜像文件；我们在以后的章节专门学习 Linux 系统安装，所以这里我们选择了"稍后安装操作系统(S)"选项。

第三步：在图 2-3 中选择"Linux(L)"客户机操作系统。Linux 系统的版本很多，我们安装的版本是 CentOS，所以在版本列表中选择"CentOS 64 位"(如果不是 64 位系统则选"CentOS")，然后单击"下一步"按钮，弹出如图 2-4 所示的对话框。

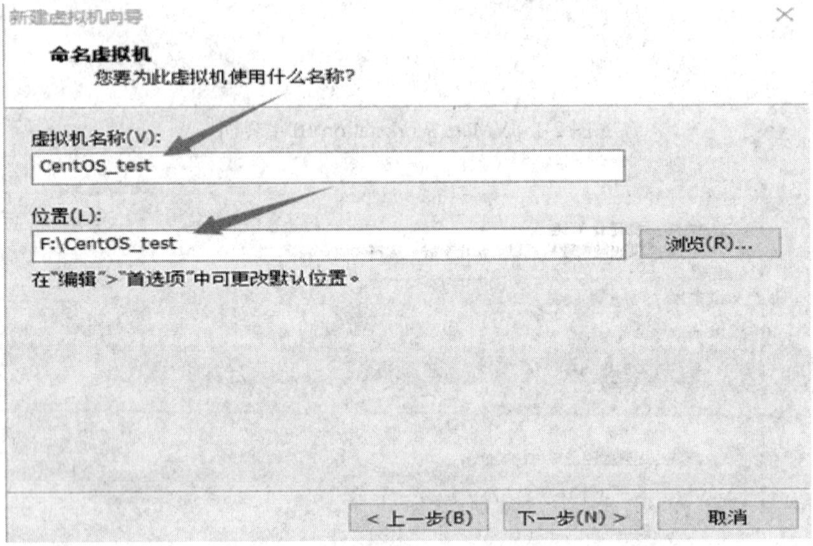

图 2-4　设置虚拟机名称和路径

第四步：在如图 2-4 所示的对话框中输入虚拟机名称，如"CentOS_test"，同时输入存储虚拟机的位置，如"f:\CentOS_test"(如果以后不再使用虚拟机，则直接删除该目录)，然后单击"下一步"按钮，弹出如图 2-5 所示的对话框。

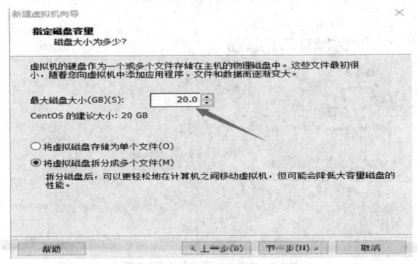

图 2-5　设置虚拟机磁盘最大容量

　　第五步：在如图 2-5 所示的对话框中，根据需要设置磁盘最大容量，本例中将其设置为 20 GB。目前所用计算机基本都可以满足硬盘容量需求，其他设置接受默认选项，然后单击"下一步"按钮，弹出如图 2-6 所示的对话框。

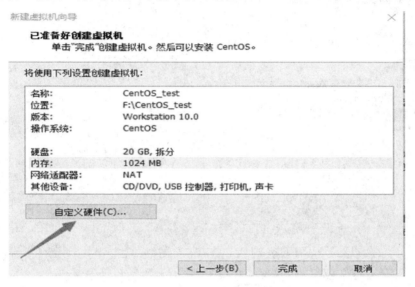

图 2-6　虚拟机基本设置

　　第六步：如图 2-6 所示，显示了新建虚拟机的基本信息，单击"自定义硬件(C)…"可以进行虚拟机的硬件设置，也可以在安装完成后进行设置。单击"完成"按钮，完成虚拟机创建过程。

　　虚拟机创建后的 VMware 主界面如图 2-7 所示，界面中新增了一台名为"CentOS_test"的虚拟主机，不过这台虚拟机还没有安装任何操作系统，是一台裸机，就像物理机没有安装操作系统一样，不能做任何事情。

图 2-7　虚拟机的 VMware 主界面

2．虚拟机基本配置

单击如图 2-7 所示的"编辑虚拟机设置"，打开如图 2-8 所示的对话框。在该对话框中可以为虚拟主机进行内存、硬盘、CPU 等信息的设置。

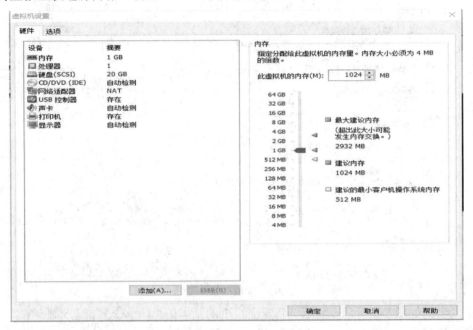

图 2-8　虚拟机设置

(1) 内存设置。为虚拟机分配的内存不能超过物理内存的一半，但为了支持 Linux 的图形界面，虚拟机的内存不得低于 628 MB。

(2) CPU 设置。主要为虚拟机设置 CPU 的个数和 CPU 核心的数量，但均不能超过物理机实有 CPU 个数和核心数量。

(3) 硬盘设置。可以移除已有的虚拟硬盘，也可以通过单击"添加(A)…"按钮，添加更多各种容量的硬盘。

对 CDROM 的设置在光盘挂载部分进行讲解，关于网络设置在本节后续内容将会讲解。

3．创建虚拟机快照

在虚拟机出现故障时，可以通过虚拟机快照将其恢复到创建快照时的状态。比如，在虚拟机安装了操作系统之后，创建一个快照，当系统出现故障难以恢复时，可以用这个快照将其恢复至安装时的状态；Linux 启动时往往会浪费较长时间，我们可以在 Linux 启动后创建一个快照，通过恢复快照可以快速启动系统。

需要注意的是：虚拟机快照是 VMware 特有的功能，在真正的服务器上是没有快照的。

(1) 拍摄虚拟机快照。在图 2-9 所示的 VMware 主界面选中要创建快照的虚拟机，单击"拍摄此虚拟机的快照"图标，在打开的"CentOS_test—拍摄快照"对话框中输入快照名称，如"CentOS_test—快照—2018.5.16"，再单击"拍摄快照"按钮，即可完成虚拟机快照拍摄。

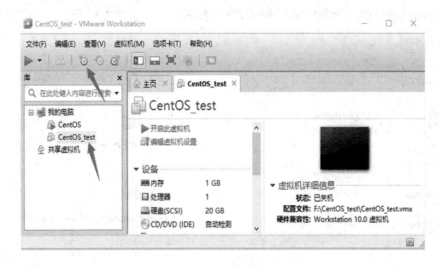

图 2-9　拍摄虚拟机快照

(2) 恢复虚拟机快照。创建虚拟机快照后，VMware 主界面中"恢复虚拟机快照"按钮 变得可用，单击该按钮，可使当前虚拟机恢复到最后一次创建此虚拟机快照时的状态。

(3) 虚拟机快照管理。虚拟机快照可以在任何需要的时候进行创建，而且会自动保存历史快照，也可以通过虚拟机快照管理器设置自动创建快照。在虚拟机快照管理器中可以将当前虚拟机恢复到指定快照的状态，也可以删除不需要的快照。

单击 VMware 主界面中"虚拟机快照管理"按钮 ，打开如图 2-10 所示的虚拟机快照管理器。在这里可以完成如下操作：

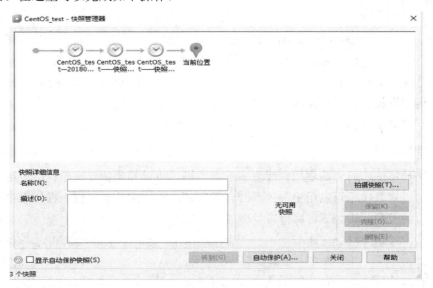

图 2-10　虚拟机快照管理器

(1) 拍摄快照。在快照管理器的上方列出了已创建的快照，可以单击"拍摄快照"按钮，创建更多的虚拟机快照；

(2) 恢复快照。选中相应快照，单击"转到"按钮，即可恢复到相应的快照状态；

(3) 自动创建快照。单击"自动保护(A)…"按钮，弹出如图 2-11 所示的"虚拟机设置"窗口。

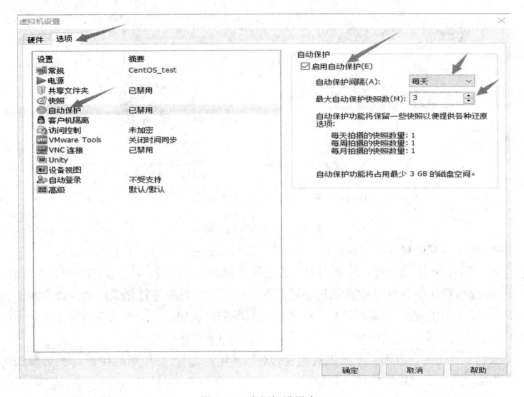

图 2-11 虚拟机设置窗口

在图 2-11 所示的窗口中，选择"选项"标签，选中"自动保护"项目，再选中"启用自动保护"复选框，启动自动保护功能；设置自动保护时间间隔，如"每天"；设置最大自动保护快照数量，如"3"，当快照数量达到最大值时，依次淘汰最早的快照。设置完成后点击"确定"按钮，保存设置并退出。

注意：启动快照自动保护功能至少占用 3 GB 磁盘空间。

4．克隆虚拟机

在网络环境中，有时需要两台或更多的虚拟机，可是如果新建虚拟机会占用更多系统资源，而通过克隆技术可以用更少的系统资源复制出与原虚拟机一模一样的副本，可以理解为虚拟机的镜像。按如下步骤可以克隆虚拟机的副本：

第一步：单击 VMware 主界面中的"虚拟机(M)"菜单，选择"管理(M)"菜单项，单击"克隆(C)…"，打开"克隆虚拟机向导"对话框。单击"下一步"按钮，弹出如图 2-12 所示的对话框。

第二步：在图 2-12 中选择克隆源。选项"虚拟机中的当前状态(C)"表示对当前虚拟机进行克隆，选项"现有快照(仅限关闭的虚拟机)(S)"表示从现有虚拟机快照中选择克隆源。本例选择 "虚拟机中的当前状态(C)"，单击"下一步"按钮，弹出如图 2-13 所示的对话框。

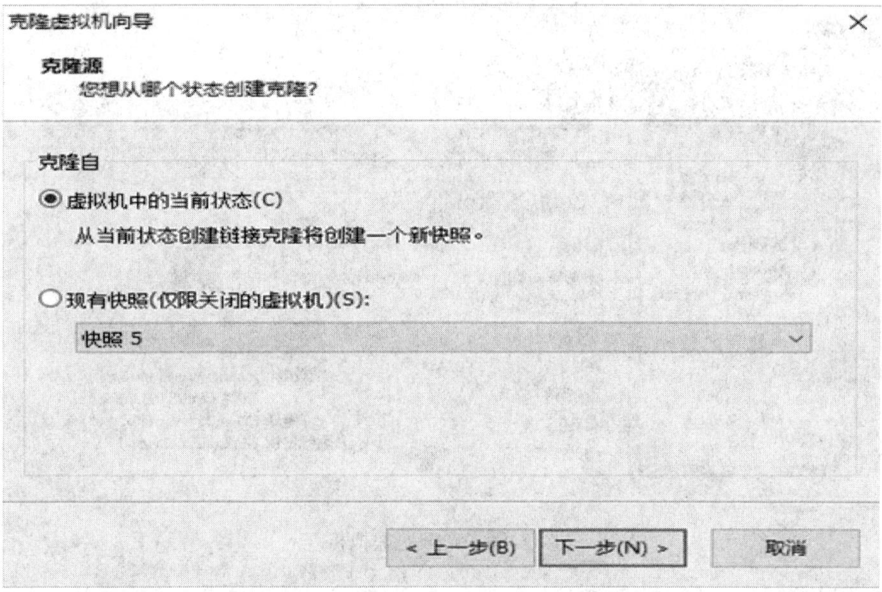

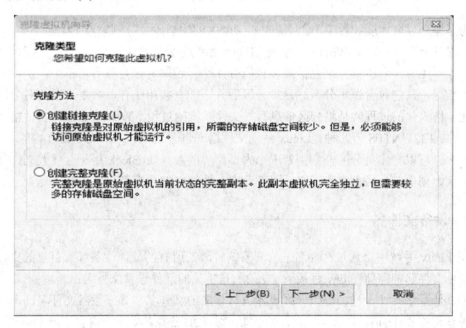

图 2-12　选择克降源

第三步：在图 2-13 中选择克隆方法。选项"创建链接克隆(L)"是对原始虚拟机的应用，所占磁盘空间较少，如果原始虚拟机不存在，则克隆机也就成为了空壳。选项"创建完整克隆(F)"就是创建原始机的副本，这样的克隆机是完全独立的，但需要更多空间。本例选择"创建链接克隆(L)"，然后单击"下一步"按钮。

图 2-13　选择克隆方法

第四步：在弹出的对话框中输入所克隆的虚拟机的名称和存储位置，单击"完成"按钮，完成虚拟机的克隆。这时，会在 VMware 主界面新增所克隆的虚拟机，如图 2-14 所示。

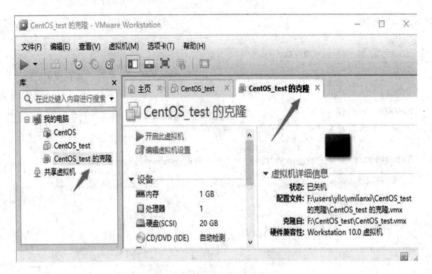

图 2-14　克隆的虚拟机

2.2　Linux 系统分区

2.2.1　分区类型和格式化

为了提高存取速度和效率,通常需要把一个大的物理硬盘分割为若干个较小的逻辑盘,这就是磁盘分区。不同于 Windows 系统,Linux 系统主分区至少 1 个,扩展分区可以没有、最多 1 个;主分区和扩展分区总数最多只能有 4 个,逻辑分区可以有若干个;扩展分区不能写入数据,只能包含逻辑分区。磁盘分区后并不能直接用于存取数据,需要对分区进行格式化。格式化的过程就是将分区信息写入文件系统的过程,Windows 系统文件格式包含 FAT16、FAT32、NTFS 等几种,Linux 系统文件格式包含 EXT2、EXT3、EXT4 等几种。通过格式化,可以将磁盘分区分割为若干个大小相等的数据块(Block)用于存放数据,同时从磁盘分区中划出一片磁盘空间,存放用于管理文件的文件分配表和目录表。

2.2.2　设备文件名

在 Linux 系统中,通过文件名来管理系统资源,所有的硬件设备都有自己的文件名。通常硬件文件名都存储在/dev 目录下。表 2.1 是常见的硬件设备文件名。

和其他系统硬件一样,每个分区设备也有相应的文件名,分区设备文件名的命名格式是:磁盘设备名+[1-n]。如/dev/hda1,表示第一块 IDE 磁盘的第一个分区;/dev/sdb3,表示第二块 SCSI 磁盘的第三个分区,等等。

需要注意的是:4 个主分区(包括扩展分区),依次用数字 1、2、3 和 4 表示,第一个逻辑分区从数字 5 开始表示(即使主分区不足 4 个,第一个逻辑分区也要从 5 开始编号)。

表 2.1　常见硬件设备文件名

硬件名称	设备文件名	说　明
IDE 硬盘	/dev/hd[a-d]	如：/dev/hda，表示第一块 IDE 硬盘，/dev/hdd，表示第四块 IDE 硬盘
SCSI/SATA/USB 硬盘	/dev/sd[a-p]	如：/dev/sda，表示第一块 SCSI 硬盘
光驱	/dev/cdrom 或/dev/sr0	
软盘	/dev/fd[0-1]	
打印机(25 针)	/dev/lp[0-2]	
打印机(USB)	/dev/usb/lp[0-15]	
鼠标	/dev/muse	

2.2.3　挂载

在 Windows 系统中，需要给每个分区分配盘符后才能正常使用。但在 Linux 系统中没有盘符的概念，而是用挂载点来表示类似的概念。挂载点其实就是一个空目录，但不是所有的目录都可以作为挂载点。

Linux 系统中必须要具备的两个分区是根分区(/)和交换分区(swap)。根分区是最高一级目录；交换分区可以看做是虚拟内存，当内存不够用时，可以使用交换分区。根分区和交换分区是必备的两个分区，否则系统无法运行。通常分配给交换分区的存储空间是内存的两倍，但一般不超过 2 GB。

为了安全起见，通常为启动分区(/boot)建立单独分区，/boot 目录下存放着 Linux 启动信息，建立单独分区可以防止根目录受到破坏后影响系统的启动。分配给启动分区的存储空间通常为 200 MB。

挂载的过程就是在存储设备硬件文件名和挂载点(空目录)之间建立链接的过程。例如，若把/dev/sda1 的挂载点设为/home 目录，那么对/home 目录的访问其实就是对第一块 SCSI 硬盘的第一个分区(/dev/sda1)的访问；若把/dev/cdrom 的挂载点设为/mnt/cdrom，那么对/mnt/cdrom 目录的访问实质上就是对/dev/cdrom 光驱的访问。

2.3　Linux 系统安装

CentOS 6.5 可以从 Linux 官方网站免费下载，本书以 CentOS 6.5 为例，说明 Linux 系统的安装过程。

第一步：启动 VMware Workstation 软件，选中名为"CentOS_test"的虚拟机，单击该虚拟机设备列表中的"CD/DVD(IDE)"条目，打开虚拟机设置窗口，如图 2-15 所示。

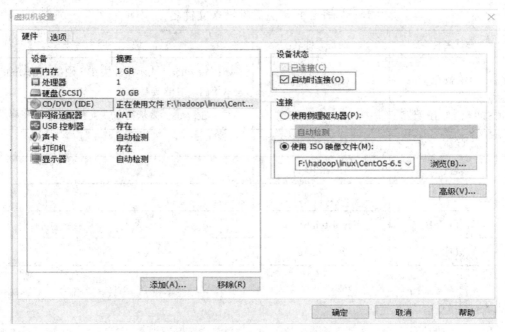

图 2-15　虚拟机设置——选择 CentOS 6.5 光盘镜像文件

　　第二步：在图 2-15 所示的虚拟机设置窗口中，依次选择"硬件"标签、"CD/DVD(IDE)……"条目，选择"使用 ISO 映像文件(M)"选项，单击"浏览"按钮，选择预先下载好的 Linux 系统安装镜像文件"CentOS-6.5-x86_64-bin-DVD1"，选中"启动时连接(O)"复选框，单击"确定"按钮，返回 VMware Workstation 主界面。

　　第三步：单击"虚拟机(M)"菜单，依次选择"电源"、"启动时进入 BIOS(B)"菜单项，启动虚拟机 CentOS_test，并进入如图 2-16 所示的 BIOS 设置窗口。

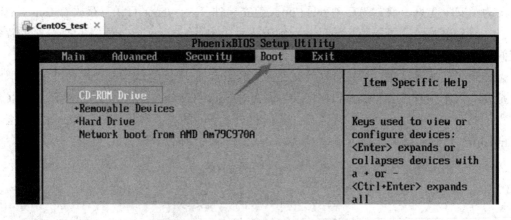

图 2-16　设置光驱优先启动对话框

　　第四步：在图 2-16 中，依次选择"Boot"标签和"CD-ROM Drive"条目，用数字键盘上的"+"键，将"CD-ROM Drive"移至顶部，表示光盘优先启动。设置完成后，依次选择"Exit"标签和"Exit Saving Changes"选项，保存并退出 BIOS 设置，安装过程进入到如图 2-17 所示的 CentOS 6.5 安装欢迎界面。

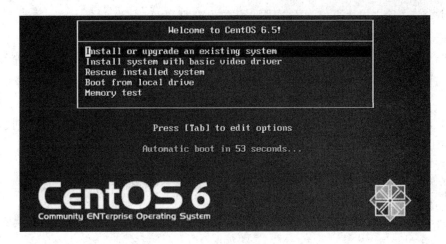

图 2-17　选择安装程序运行模式对话框

注意：系统安装完成后要修改启动顺序为硬盘优先。

第五步：在图 2-17 中，可以有五种选择，这里是首次安装 CentOS 6.5，所以选择第一项 "Install or upgrade an existing system"，安装或升级现有系统，按回车键，开始安装。

第六步：出现如图 2-18 所示的界面时，选择 "Skip" 跳过对安装程序所在介质的检测，如果需要可以选择 "OK"。

图 2-18　选择是否检测安装程序所在介质对话框

第七步：出现图形安装界面后单击 "Next" 按钮，在随后出现的 "语言选择" 对话框中选择 "Chinese(Simplified)(中文(简体))"。单击 "下一步" 按钮，打开 "键盘选择" 窗口。

第八步：在 "键盘选择" 窗口中，选择 "美国英式键盘"。单击 "下一步" 按钮，打开 "选择安装使用的设备" 窗口。

第九步：在 "选择安装使用的设备" 窗口中，选择 "基本存储设备"。单击 "下一步" 按钮，打开 "存储设备警告" 对话框。

第十步：在 "存储设备警告" 对话框中，选择 "是，忽略所有数据(Y)"。单击 "下一步" 按钮，进入为主机命名窗口。

第十一步：给主机命名，这里采用默认主机名"localhost.localdomain"。单击"下一步"按钮，进入选择时区窗口。

第十二步：在时区选择窗口，选择"亚洲/上海"，单击"下一步"按钮，进入根用户 root 密码设置窗口，为根用户设置密码并确认。单击"下一步"按钮，进入"安装类型选择"窗口。

第十三步：为了学习 Linux 系统分区，在"安装类型选择"窗口中选择"创建自定义布局"单选按钮。单击"下一步"按钮，进入如图 2-19 所示的系统分区窗口。

图 2-19　系统分区窗口

由图 2-19 可知，目前系统只有一块硬盘 sda(SCSI 硬盘)，硬盘没有任何分区，空闲空间为 20 GB。

第十四步：创建 boot 分区。在图 2-19 中，单击"创建"按钮，再选择"标准分区"单选钮，单击"创建"按钮，弹出如图 2-20 所示的"添加分区"对话框，在"挂载点"下拉列表选择"/boot"目录，文件系统类型用默认的"ext4"系统类型，分区大小使用默认的 200 MB。单击"确定"按钮，返回图 2-19 所示窗口。这时 sda 硬盘下多了一个系统分区 sda1，挂载点是/boot，分区大小为 200 MB，分区格式为 ext4。

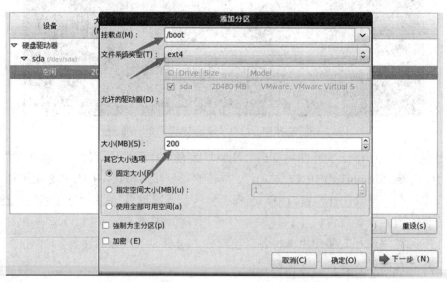

图 2-20　添加 boot 分区对话框

第十五步：创建交换分区(swap)。在图 2-19 中，单击"创建"按钮，选择"标准分区"单选钮，单击"创建"按钮，进入如图 2-21 所示的添加 swap 分区对话框。由于 swap 分区是系统自身使用的，用户不对 swap 分区直接进行操作，所以只要在"文件系统类型(T)"下拉列表中选择"swap"即可。这时"挂载点"显示为不可选状态，通常 swap 分区的大小为虚拟机内存大小的两倍以上，但不超过 2 GB。本虚拟机内存容量为 628 MB，所以设置 swap 分区大小为 1258 MB。

图 2-21　添加 swap 分区对话框

/boot 分区和 swap 分区都是必备分区，其他分区可以根据需要来创建。

第十六步：用类似的方法创建/home 分区和根分区，为/home 分区分配 2 GB 存储空间，将剩余的全部空间都分配给该根分区。最后的分区结果如图 2-22 所示。

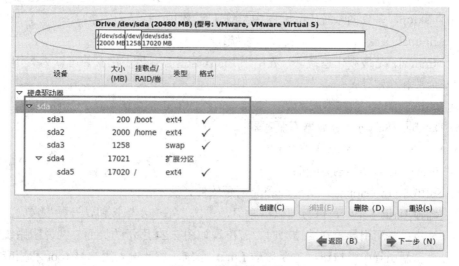

图 2-22　最终分区结果

图 2-22 直观地显示了各分区容量的大小比例，下方显示了各分区的详细信息，包括设备文件名、容量大小、挂载点、类型、分区格式等。需要注意的是：在创建根分区的时候，系统自动将 sda4 设置为逻辑分区，而将根分区设置为第一个逻辑分区 sda5。

第十七步：格式化分区。创建好分区后，单击"下一步"按钮，系统提示是否格式化分区，单击"格式化"，接着单击"将修改写入磁盘"，完成格式化操作。

第十八步：选择安装程序的安装位置。引导程序可以安装在任何分区，在这里选择默认的"/dev/sda5"，单击"下一步"按钮，进入图 2-23 所示的安装包选择窗口。

图 2-23　选择安装程序包对话框

第十九步：选择安装所需软件。在图 2-23 所示的窗口中，可选择的安装包有：

(1) Desktop，是桌面系统(Linux 图像系统)，一般用于个人计算机；

(2) Minimal Desktop，是最小化桌面系统；

(3) Minimal，是最小化系统，一般用于 Linux 服务器，最小化安装可以大大增强 Linux 系统的安全性和稳定性；

(4) Basic Server，是基本服务器，安装了常用的 Linux 系统工具；

(5) Database Server，是数据库服务器；

(6) Web Server，是 Web 服务器；

(7) Virtual Host，是虚拟主机；

(8) Software Development Workstation，是软件开发工作站。

这里选择 Basic Server，以方便以后学习，单击"下一步"按钮，开始安装。

第二十步：重新引导。安装结束时，若出现如图 2-24 所示的界面，则说明系统安装成功，单击"重新引导(t)"按钮，重新启动 Linux 系统，在此输入用户名 root 和相应密码，完成系统启动。至此，Linux 系统安装完毕。

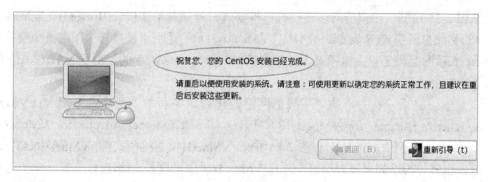

图 2-24　安装成功界面

安装过程形成了如下日志文件和配置文件：

- /root/install.log：存储了安装在系统中的软件包及其版本信息；
- /root/install.log.syslog：存储了安装过程中产生的事件记录；
- /root/anaconda-ks.cfg：以 kickstart 配置文件的格式记录了安装过程中设置的选项信息。该文件在无人值守安装过程中非常有用。

2.4　虚拟机网络配置

在 VMware 主界面选择要进行网络配置的虚拟机"CentOS_test"，单击"编辑(E)"菜单，选择"虚拟网络编辑器(N)…"，打开如图 2-25 所示虚拟网络编辑器窗口。

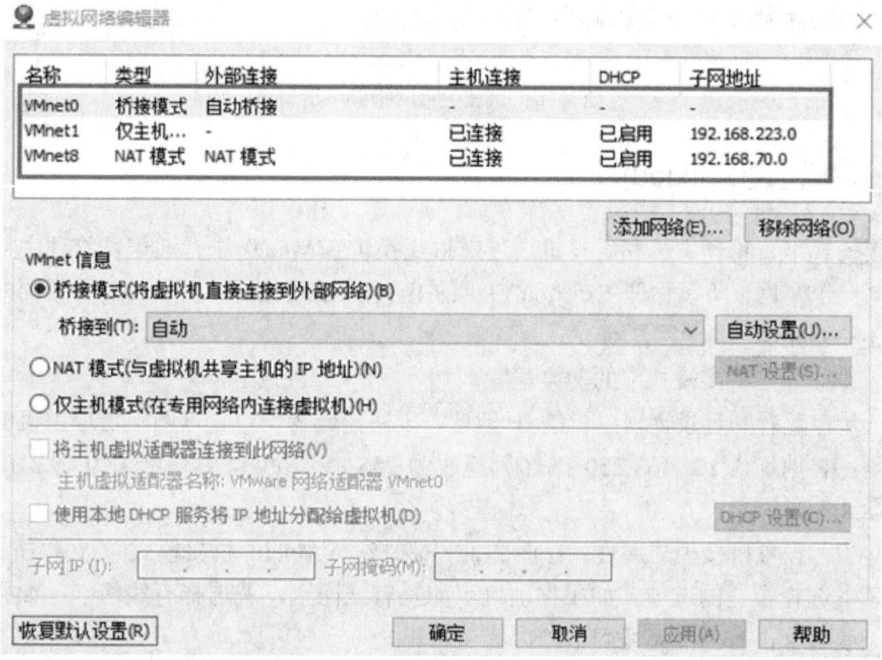

图 2-25　虚拟网络编辑器窗口

从图 2-25 可知，虚拟机网络链接有三种模式，分别是桥接模式(Bridged)、地址转换模式(NAT)和仅主机模式(Host-Only)。其中 VMnet0 表示的是用于桥接模式下的虚拟交换机；VMnet1 表示的是用于仅主机模式下的虚拟交换机；VMnet8 表示的是用于 NAT 模式下的虚拟交换机。

安装虚拟机后，在对应物理主机的网络链接窗口中新增了两块虚拟网卡：VMware Virtual Ethernet Adapter for VMnet1 和 VMware Virtual Ethernet Adapter for VMnet8，如图 2-26 所示。这两块网卡依次与图 2-25 中的 VMnet1(仅主机模式)和 VMnet8(NAT 模式)相对应。也就是说，如果在虚拟机中采用 VMnet1(仅主机模式)网络链接方式，就要对物理主机中的 VMware Virtual Ethernet Adapter for VMnet1 虚拟网卡进行相应配置；如果在虚拟机中采用 VMnet8(NAT 模式)网络链接方式，就要对物理主机中的 VMware Virtual Ethernet Adapter for VMnet8 虚拟网卡进行相应配置。物理主机中没有与 VMnet0(桥接模式)对应的网卡，其实虚拟机在桥接模式下是利用主机网卡进行通信的。

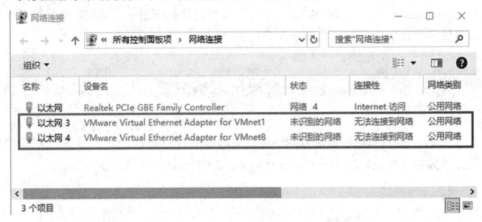

图 2-26　物理主机网络链接窗口

2.4.1　桥接模式(Bridged)

桥接模式下，物理主机和虚拟机通过虚拟交换机 VMnet0 进行通信，物理主机和虚拟机属于同一个子网，所以物理主机和虚拟机的 IP 地址必须在同一网段，具有相同的子网掩码、网关和 DNS。

下面详细介绍桥接模式下的网络配置。

第一步：查看并记录物理主机的 IP 地址、子网掩码等信息。本例中物理主机的网络配置信息是：IP 地址为 192.168.250.2，子网掩码为 255.255.255.0，默认网关为 192.168.250.1，DNS 为 8.8.8.8。

第二步：设置桥接模式属性，在图 2-25 中选择"VMnet0 桥接模式"，在"桥接到(T)"下拉列表中选择合适的选项。如果物理机用的是有线网卡，就选择有线网卡；如果物理机用的是无线网卡，就选择无线网卡。

第三步：将虚拟机网络连接方式设置为桥接模式。选中要设置网络连接的虚拟机"CentOS_test"，单击"编辑虚拟机设置"中的"网络适配器"条目，打开如图 2-27 所示的虚拟机设置窗口，选择网络连接方式为"桥接模式(B)：直接连接物理网络"后，单击"确定"按钮关闭窗口。

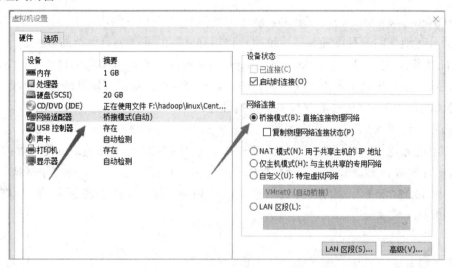

图 2-27　设置网络连接方式窗口

第四步：启动虚拟机，进行参数配置。启动 Linux 系统，以 root 身份登录系统，输入如下命令：

[root@localhost~]# vi /etc/sysconfig/network-scripts/ifcfg-eth0

进入 ifcfg-eth0 文件配置界面，按"I"键开始编辑，编辑结束后，按"："键，输入"wq"命令保存操作并退出。配置结果如图 2-28 所示。

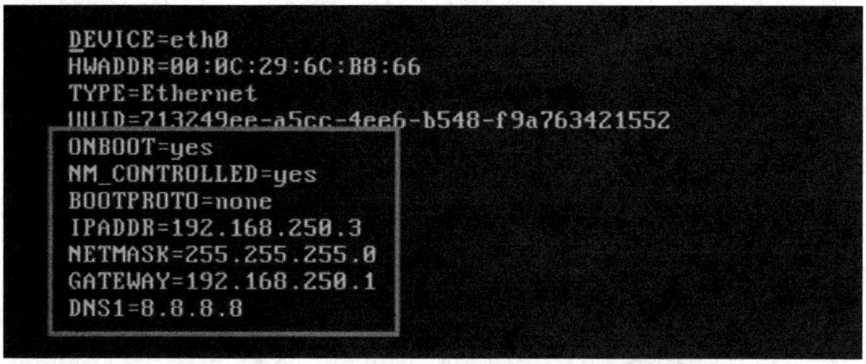

```
DEVICE=eth0
HWADDR=00:0C:29:6C:B8:66
TYPE=Ethernet
UUID=213249ee-a5cc-4ee6-b548-f9a763421552
ONBOOT=yes
NM_CONTROLLED=yes
BOOTPROTO=none
IPADDR=192.168.250.3
NETMASK=255.255.255.0
GATEWAY=192.168.250.1
DNS1=8.8.8.8
```

图 2-28　ifcfg-eth0 文件配置结果

第五步：重启网络服务。输入如下命令，重启网络服务：

[root@localhost~]# service network restart //

注意：如果系统不能正常启动，就用 reboot 命令重启系统。

第六步：验证配置。

ping 物理主机(192.168.250.2)，验证 IP 地址是否配置正确；ping 外网域名(如www.baidu.com)，验证网关和 DNS 是否配置正确。如果丢包(Packet loss)率为 0，则说明配置正确。至此，就完成了桥接模式的网络配置。

2.4.2 地址转换模式(NAT)

NAT(Network Address Translation，网络地址转换)是在局域网出口路由器中，将私有地址转换为公有地址的一种能使私有地址用户访问互联网的共享公有地址的方法。

在 NAT 模式下，VMware Network Adapter VMnet8 虚拟网卡可实现物理主机与虚拟机之间的通信，虚拟机处于另外一个子网，通过虚拟 NAT 设备进行地址转换，共享主机 IP 地址。NAT 模式的网络链接配置按如下步骤进行：

第一步：设置 NAT 模式基本参数。在图 2-25 中，选中"NAT 模式"条目，选中"将主机虚拟适配器连接到此网络(V)"，选中"使用本地 DHCP 服务将 IP 地址分配给虚拟机(D)"(也可以使用静态 IP 地址)，在"子网 IP(I):"中输入"192.168.222.0"，在"子网掩码(M):"中输入"255.255.255.0"。单击"NAT 设置(S)…"按钮，打开如图 2-29 所示的"NAT 设置"窗口。

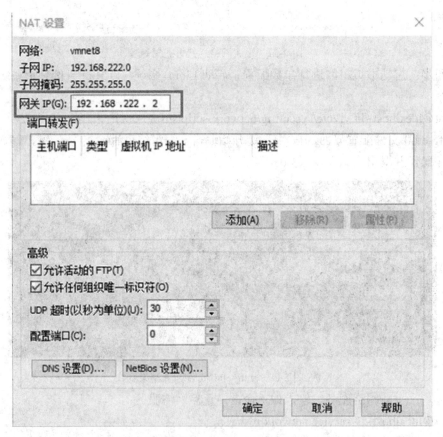

图 2-29　NAT 配置

第二步：NAT 配置。在图 2-29 中，可知虚拟机所在网段为 192.168.222.0，修改网关为 192.168.222.2，使网关和虚拟机位于同一网段。注意：网关不能设为 192.168.222.1，这是虚拟网卡 VMware Network Adapter VMnet8 的 IP 地址。最后单击"确定"按钮保存修改。

　　第三步：DHCP 配置。单击图 2-25 中的"DHCP 设置(C)…"按钮，打开如图 2-30 所示的"DHCP 设置"窗口，在该窗口中将 vmnet8 网络的起始 IP 地址改为 192.168.222.3，结束地址改为 192.168.222.254，其他设置保持默认值，然后单击"确定"按钮保存设置。继续单击外层窗口的"确定"按钮，返回 VMware 主界面。

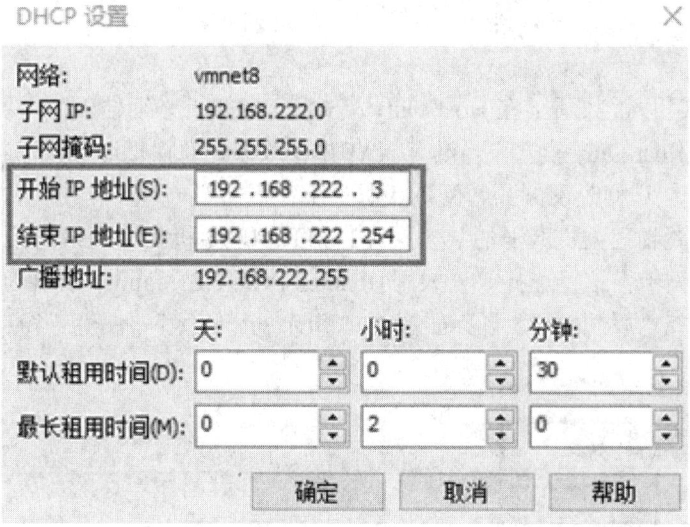

图 2-30　DHCP 配置

　　第四步：设置网络链接模式为 NAT 模式。单击 VMware 主窗口中的"编辑虚拟机设置"，打开如图 2-27 所示的"虚拟机设置"窗口，依次选择"网络适配器"、"NAT 模式(N)：用于共享主机的 IP 地址"，单击"确定"按钮保存设置。

　　第五步：启动虚拟机，配置参数。启动 Linux 系统，以 root 身份登录，输入如下命令：

[root@localhost~]# vi /etc/sysconfig/network-scripts/ifcfg-eth0

进入 ifcfg-eth0 文件配置界面，按"I"键开始编辑，编辑结束后，按"："键，输入"wq"命令保存并退出。配置结果如图 2-31 所示。

图 2-31　ifcfg-eth0 文件配置结果

　　在图 2-31 中，BOOTPROTO 的值为"dhcp"，表示启动了 DHCP 服务，所以需将 IP 地址、子网掩码以及默认网关的静态配置信息注释掉，但要保留 DNS 配置信息，用于解析域名。

第六步：重启网络服务。输入如下命令，重启网络服务：

[root@localhost~]# service network restart

注意： 如果不能正常启动，就用 reboot 命令重启系统。

第七步：验证配置。用类似桥接模式下的验证方法进行配置验证。

2.4.3 仅主机模式(Host-Only)

与 NAT 模式相同之处是，在 Host-Only 模式下，虚拟机必须处于与主机不同的网络段；不同之处是，在 Host-Only 模式下，没有 NAT 虚拟设备，虚拟机通过共享物理主机网卡(有线网卡或无线网卡)访问外网。具体配置步骤如下：

第一步：设置物理主机网卡的共享属性。打开物理主机的"网络连接"窗口，选择可连接外网的物理网卡，这里选择"以太网 Realtek PCIe GBE family Controller"有线网卡，右击该网卡，选择"属性(R)"，打开如图 2-32 所示的"以太网 属性"窗口。

图 2-32　设置物理网卡的共享属性

在图 2-32 中，选择"共享"标签，在"Internet 连接共享"中，选中"允许其他网络用户通过此计算机的 Internet 连接来连接(N)"复选框，"在家庭网络连接(H)"下拉列表中选择"以太网 4"。

注意： 必须选择以太网 4，因为以太网 4 与 VMware Network Adapter VMnet1 虚拟网卡对应。单击"确定"按钮，弹出如图 2-33 所示的对话框，提示 VMware Network Adapter VMnet1 虚拟网卡强制使用 IP 地址 192.168.137.1，单击"是(Y)"按钮。

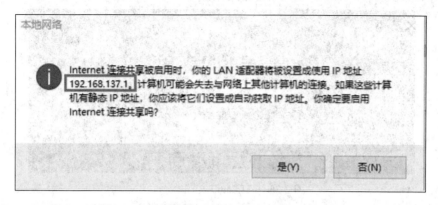

图 2-33　强制使用 IP 地址 192.168.137.1 提示框

第二步：设置 VMware Network Adapter VMnet1 虚拟网卡的网络属性。将其 IP 地址设置为 192.168.137.1，这也就是虚拟机的网关，将子网掩码设置为 255.255.255.0。

第三步：设置 Host-Only 模式的网络属性。在图 2-25 中选中"VMnet1 仅主机模式"条目，单击"DHCP 设置(P)…"，打开如图 2-34 所示的"DHCP 设置"窗口。由图可知，虚拟机所在子网为 192.168.137.0，设置开始 IP 地址为 192.168.137.2，结束 IP 地址为 192.168.137.254，其他设置保存默认值。单击"确定"按钮保存设置。

提示：如果采用静态 IP，则该步可以省略。

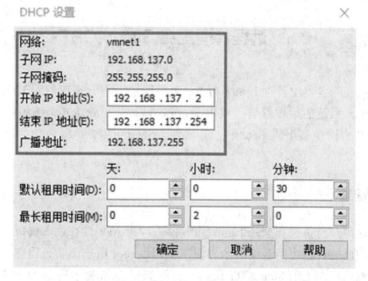

图 2-34　DHCP 设置窗口

第四步：设置网络连接方式为仅主机模式。在图 2-27 所示的窗口中，依次选择"网络适配器"、"仅主机模式(H)：与主机共享的专用网络"。然后单击"确定"按钮保存设置。

第五步：启动虚拟机，配置参数。启动 Linux 系统，以 root 身份登录，输入如下命令：

[root@localhost~]# vi /etc/sysconfig/network-scripts/ifcfg-eth0

进入 ifcfg-eth0 文件配置界面，按"I"键开始编辑，编辑结束后，按"："键，输入"wq"命令保存并退出。配置结果如图 2-35 所示。

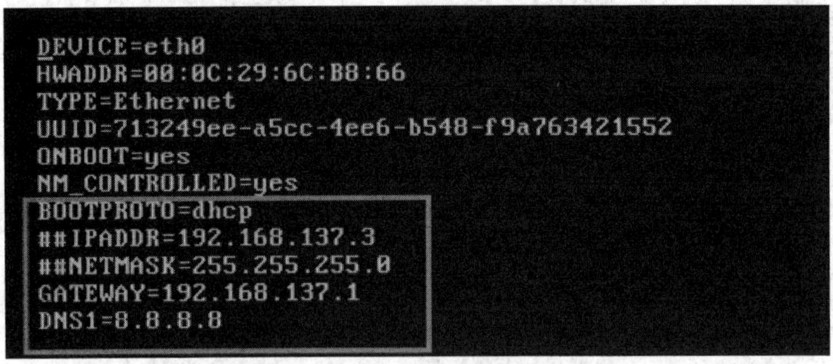

DEVICE=eth0
HWADDR=00:0C:29:6C:B8:66
TYPE=Ethernet
UUID=713249ee-a5cc-4ee6-b548-f9a763421552
ONBOOT=yes
NM_CONTROLLED=yes
BOOTPROTO=dhcp
##IPADDR=192.168.137.3
##NETMASK=255.255.255.0
GATEWAY=192.168.137.1
DNS1=8.8.8.8

图 2-35　ifcfg-eth0 文件配置结果

在图 2-35 中，BOOTPROTO 的值为“dhcp”，表示启动了 DHCP 服务，所以将以下 IP 地址、子网掩码静态配置信息注释掉。

注意：要保留网关配置信息和 DNS 域名服务器配置信息，网关 IP 地址与 VMware Network Adapter VMnet1 虚拟网卡 IP 地址相同。

第六步：重启网络服务。输入如下命令，重启网络服务：

[root@localhost~]# service network restart

注意：如果不能正常启动系统，就用 reboot 命令重启系统。

第七步：验证配置。按类似其他两种模式下的验证方法进行配置验证。

2.5　远程管理工具 SecureCRT

一般不直接在服务器上管理 Linux 系统，而是通过远程管理工具对 Linux 服务器进行远程管理。Linux 系统的远程管理工具很多，这里以 SexureCRT 为例说明远程管理工具的使用。可以从官网免费下载 SecureCRT 软件，SecureCRT 是绿色软件，不需要安装即可运行。

2.5.1　远程登录

一般以普通用户身份远程登录 Linux 服务器，因为 root 具有最高权限，远程登录容易对系统安全构成威胁，但为了教学演示方便，本例以 root 用户说明远程登录过程。

第一步：双击桌面上的 ScureCRT 图标，打开如图 2-36 所示的 SecureCRT 主界面。

未连接 -
文件(F)　编辑(E)　查看(V)　选项(O)　传输(T)　脚本(S)　工具(L)　窗口(W)　帮助(H)
输入主机 <Alt+R>
就绪
0, 0
0 行, 0 列

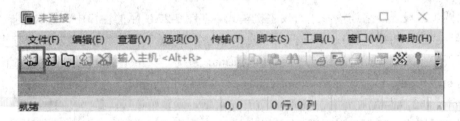

图 2-36　SecureCRT 主界面

第二步：单击如图 2-36 中的"连接"图标，打开如图 2-37 所示的"连接"窗口。

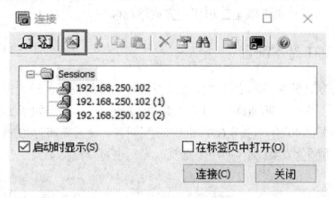

图 2-37　远程连接窗口

第三步：图 2-37 中显示了已建立的三个会话，单击"新建会话"图标，开始建立新的会话，在弹出的新窗口中单击"下一步"按钮，打开如图 2-38 所示的窗口。

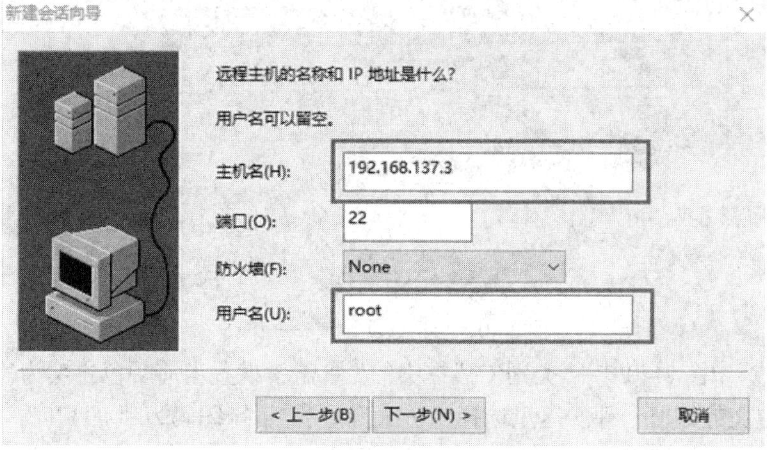

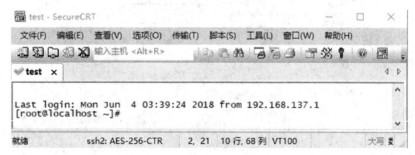

图 2-38　输入主机名和用户名窗口

第四步：在图 2-38 中输入主机名"192.168.137.3"，即所要远程登录的虚拟机的 IP 地址，输入用户名"root"，连续单击"下一步"按钮，在出现的会话名称文本框中输入"test"，然后单击"完成"按钮，返回到如图 2-39 所示的"连接"窗口，可以看出新增了一个"test"会话。

图 2-39　远程登录界面

第五步：选择图 2-39 中的"text"会话，单击"连接"图标，在出现的用户验证窗口中输入用户密码，然后单击"确定"按钮，完成远程登录。

2.5.2　SecureCRT 基本配置

SecureCRT 在默认情况下不支持中文，需要进行相应的设置，设置过程如下：

第一步：单击主菜单"选项(O)"，选择"会话选项(S)…"，弹出如图 2-40 所示的对话框。

第二步：选中图 2-40 中 "类别(C)"框中的"仿真"，设置终端为"Linux"，选中"ANSI颜色(A)"和"使用颜色方案(U)"两个复选框。当然也可以根据需要进行其他设置。

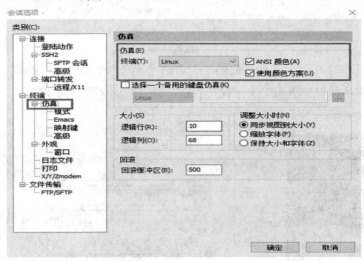

图 2-40　会话选项设置——仿真

第三步：选中图 2-40 中 "类别(C)"框中的"外观"，设置当前颜色方案为"Traditional"，设置字体为中文的任何一种，这里选择"仿宋"，设置字符编码为"UTF-8"，如图 2-41 所示。单击"确定"按钮保存并退出，至此，设置完成。

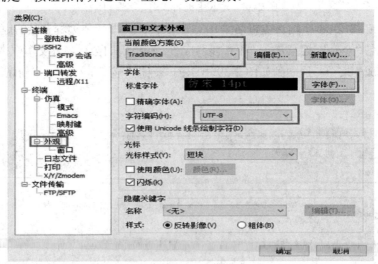

图 2-41　会话选项设置——外观

2.6 文件拷贝工具 WinSCP

在虚拟机的 Linux 系统和物理机的 Windows 系统之间相互传递文件需要专门的工具，这样的工具很多，这里以 WinSCP 为例，说明虚拟机和物理主机之间的文件拷贝方法。

第一步：双击桌面上的"WinSCP"文件拷贝图标，在打开的"登录"对话框中输入虚拟机的主机名"192.168.137.3"、用户名"root"和密码，其他设置保持默认值，如图 2-42 所示，单击"登录"按钮，进入"WinSCP"主界面。

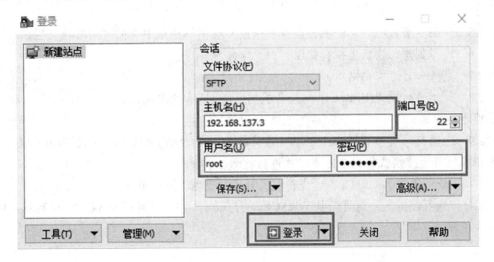

图 2-42 会话登录界面

第二步："WinSCP"主界面如图 2-43 所示，分为左右两部分，左边是物理机 Windows 系统中的文件，右边是虚拟机 Linux 系统中的文件，相互拷贝文件的方式与 Windows 系统下的文件操作方法相同。

图 2-43 WinSCP 界面

习题与上机训练

2.1　以 Virtual Machine ware 10 为例练习安装虚拟机软件并进行基本配置。

2.2　Linux 系统文件格式有哪些？目前常用的格式有哪些？

2.3　简述 Linux 系统中设备文件的命名规则。

2.4　练习安装 Linux 操作系统，在安装过程中进行磁盘分区，要求：包含/boot 分区(200 MB)、/home 分区(2000 MB)、swap 交换分区(1258 MB)和根分区(剩余空间全部分配给根分区)。

2.5　什么是虚拟机、克隆机、虚拟机快照？在实际应用中它们之间有什么区别？

2.6　练习创建、恢复虚拟机快照。

2.7　克隆一台虚拟机副本。

2.8　简述桥接模式(Bridged)、地址转换模式(NAT)和仅主机模式(Host-Only)等三种虚拟机网络连接模式。

2.9　上机练习桥接模式(Bridged)、地址转换模式(NAT)和仅主机模式(Host-Only)等三种虚拟机网络连接模式的配置方法，并进行连通性测试。

2.10　练习使用 SecureCRT 远程管理工具远程登录 Linux 系统。

2.11　练习使用文件拷贝工具 WinSCP，在 Linux 和实体计算机的 Windows 系统之间进行文件传输。

第 3 章　Linux 操作系统常用命令

本章学习目标

1. 理解 Linux 文件系统中文件的基本概念、用户类型以及用户对文件的操作权限。

2. 熟练掌握 ls、mkdir、cp、rmdir、pwd、rm、mv 等文件基本操作命令以及 cat、more、less、head、tail 等文件查看命令的使用方法。

3. 熟练掌握链接文件创建命令 ln 的使用方法，区分硬链接文件与软链接文件的异同。

4. 熟练掌握用户权限修改命令 chmod 的使用方法，理解用户权限对于文件和目录的不同含义；掌握文件所有者修改命令 chown、文件所属组修改命令 chgrp 以及文件默认权限设置命令 umask 的基本使用方法。

5. 熟练掌握文件搜索命令 find、快速文件搜索命令 locate、命令所在目录查找命令 which 和 whereis 以及文件内容搜索命令 grep 等的基本使用方法；掌握常用帮助命令 man、whatis、apropos、help、info 的基本使用方法；熟练掌握用户管理命令和登录用户信息查看命令 useradd、passwd 的使用方法。

6. 熟练掌握压缩/解压缩命令 gzip、gunzip、tar、zip、unzip、bzip2、bunzip2 的使用方法，区分各命令之间的异同。

7. 熟练掌握网络配置、状态查看、信息传输等命令 write、wall、ping、ifconfig、mail、last、lastlog、traceroute、netstat、setup 的使用方法；熟练掌握关机和重启命令 shutdown、halt、poweroff、init、reboot 的使用方法。

3.1 文件处理命令

3.1.1 相关概念

1. Linux 文件

Linux 文件系统中所有的对象都被视为文件，如前所述，Linux 文件系统的主要文件类型包括普通文件、目录文件、设备文件、链接文件、套接字文件和管道文件等六种。Linux 文件系统中的所有文件都没有扩展名，Linux 也不会像 Windows 一样，根据文件扩展名来判断文件类型，我们在为文件命名的时候给予它特定的后缀，是为了方便用户管理(如一般认为以".sh"为后缀的文件是 shell 脚本文件，以".tar.gz"为后缀的文件是压缩文件)。在 Linux 文件系统中，文件名以"."开头的文件是隐藏文件，在实际操作时，要显示隐藏文件的信息，需要使用特定的命令选项。

2. 基于文件的用户类型

Linux 文件系统中，对于每一个文件都有三类用户(或群体)，分别是所有者(owner)、所属组(group)和其他人(other)。通常文件的创建者就是文件的所有者，当然文件的所有者可以被改变，就像产权过户一样。为了方便管理，如果给一个用户群体赋予一定的对特定文件的操作权限，所有加入这个群体的用户就会自动具有该群体所具有的权限，这个群体就是文件的所属组，除所有者和所属组之外的所有其他用户都属于其他人，所有的其他人对该文件具有相同的操作权限。

3. 基于文件的用户权限

Linux 文件系统中，对于每一个文件都有读(read)、写(write)和执行(execute)三种权限，文件创建时，系统为文件的三类用户授予默认的读写执行(rwx)权限，文件的所有者可以改变所有用户对文件的读写执行权限。

3.1.2 文件与目录操作命令

1. 文件操作命令

1) 文件查看命令 ls

ls(list)命令所在路径为/bin，所有用户都可以执行该命令，其功能是显示指定目录下的文件信息，缺省为当前目录。其命令格式如下：

[root@localhos temp]# ls [选项] [参数]

选项说明：

-a：显示所有(all)文件，包括隐藏文件。

　　-l：显示文件的详细信息，即按长(long)格式显示。

　　-d：查看指定目录本身的信息，而不是目录下的文件信息，通常与-l 配合使用。

　　-h：以适当的单位显示文件大小，与-l 选项配合使用。

　　-k：以 KB 为文件大小单位，与-l 选项配合使用。

　　-i：显示文件的 Inode 号，每个文件都有一个唯一的 Inode 号，唯一表示这个文件。

　　参数说明：

　　命令格式中的参数可以是目录，也可以是文件。如果是目录，则显示指定目录中的文件信息；如果是文件，则显示指定文件本身的信息。默认显示当前目录的相应信息(显示信息由选项确定)。

　　需要注意的是：命令与选项之间要用空格分开，选项前加符号"-"，多个选项可以组合使用，且没有先后顺序，选项也可以跟在参数之后，但必须用空格隔开。

　　例 3.1　可用如下命令显示当前目录下文件的详细信息：

　　[root@localhost temp]# ls -l

　　执行结果：

　　total 68

　　-rw-r--r--. 1 root root　　378 Apr 30 16:02 backupinfo.txt.tar.gz

　　-rwxr-xr-x. 1 root root　　514 Apr 30 11:44 backup_studentinfo.sh

　　drwxr-xr-x. 2 root root 4096 Apr 30 11:20 bkp_student

　　本例中，每条记录由 7 个字段组成，第 1 个字段说明了文件的类型和用户操作权限。下面以第一条记录为例介绍文件的类型和权限：

　　第 1 段(-rw-r--r--)共占了 10 位，第 1 位表示文件类型：如"-"表示普通文件，"d"表示目录(directory)文件，"1"表示软连接(link)文件，"b"表示块设备(block)文件，"c"表示字符(character)设备文件。第 2～4 位表示所有者对文件的读写权限，依次为读(r)、写(w)、执行(x)权限，如果某位为"-"，则表示没有对应的权限，在该例中所有者对该文件的操作权限为"rw-"，说明所有者对该文件有读写权限，但没有执行权限；第 5～7 位为所属组对文件的操作权限，该例中所属组的对该文件的操作权限为"r--"，即可读，但不能写，也不能执行。第 8～10 位为其他用户对该文件的操作权限，该例中其他用户对该文件的操作权限为"r--"，即可读，但不能写，也不能执行。

　　第 2 段，如果是普通文件，则表示该文件的硬链接文件数(如该数值为 1，则表示没有被创建硬链接文件，只有其本身)；如果是目录文件，则表示该目录下的一级子目录数(其中，包含当前目录"."和父目录"..")；第 3 段(如：root)是文件的所有者；第 4 段(如：root)是文件的所属组；第 5 段是文件的大小，默认单位是字节；第 6 段是文件的最后一次修改时间；第 7 段是文件名。

　　例 3.2　可用如下命令显示/etc 目录下文件的详细信息，同时显示 Inode 号，并用适当的单位作为文件大小单位：

　　[root@localhost temp]# ls -lhi /etc

　　执行结果：

```
total 1.2M
654428 -rw-r--r--.  1 root root    44 Apr 26 15:48 adjtime
654098 -rw-r--r--.  1 root root   1.5K Jan 12   010 aliases
655051 -rw-r--r--.  1 root root    12K Apr 26 13:38 aliases.db
......
```

本例中，第一列为文件的 Inode 号。

小知识 在 Linux 内部，使用 Inode 号来识别文件，而不是使用文件名。通常 Inode 与文件名是一一对应的，但是也存在在一个 Inode 号对应多个文件名的情况，如一个文件和其对应的硬链接文件具有相同的 Inode 号。

例 3.3 可用如下命令显示 /etc 目录的详细信息(显示指定目录的详细信息)：

```
[root@localhost temp]# ls -ldih /etc
```

执行结果：

```
654081 drwxr-xr-x. 59 root root 4.0K Apr 30 19:15 /etc
```

本例中，参数"-d"表示显示指定目录的详细信息。

小知识 Linux 中的隐藏文件以"."开头，默认情况下不显示隐藏文件，如果要查看隐藏文件就用"-a"选项，如命令 ls -a，显示当前目录下的所有文件(包括隐藏文件)。

2) 新建文件命令 touch

touch 命令的完整路径为/bin，所有用户都可以使用，其功能是创建一个或多个新文件。其命令格式如下：

```
[root@localhost temp]#   touch 参数
```

参数说明：

参数指定要创建的文件名或文件名列表(可以同时创建多个文件，文件名之间用空格分隔)。

例 3.4 可用如下命令在/temp/zhengzem 目录下创建一个名为 filetest.txt 的文件：

```
[root@localhost ~]# touch /temp/zhengze/filetest.txt
```

小知识 如果文件名中包含空格符号，则需要用双引号或单引号把文件名引起来，否则系统会认为是由空格分隔的多个文件。如：在当前目录下创建名为"file test.txt"的文件，可用下列命令：

```
[root@localhost temp]# touch 'file test.txt'
```

在实际应用中要竭力避免这种情况，否则会给文件的各种操作带来麻烦。

3) 文件内容查看命令cat

cat 命令的完整路径为/bin，所有用户都可以使用，其功能是查看指定文件的内容。其命令格式如下：

[root@localhost temp]# cat -n 参数

选项说明：

-n：表示在查看文件内容时，显示行号。

参数说明：

参数指定要查看的文件名。

例 3.5　可用如下命令查看文件/etc/passwd 文件的内容，并显示行号：

[root@localhost temp]# cat /etc/passwd -n

执行结果：

```
1   root:x:0:0:root:/root:/bin/bash
2   bin:x:1:1:bin:/bin:/sbin/nologin
3   daemon:x:2:2:daemon:/sbin:/sbin/nologin
......
```

小知识　tac 命令与 cat 命令类似，只是反行序显示文件内容。

4) 分页查看文件命令 more

more 命令的完整路径为/bin，所有用户都可以使用，其功能是分页显示文件内容。其命令格式如下：

[root@localhost temp]#　more　文件名

在文件显示过程中，可以使用如下功能键操作文档：

空格或"f"键用于翻页；回车键用于换行，"q"键用于退出文件查看。

5) 分页查看文件命令 less

less 命令类似于 more 命令，只不过其文件浏览功能更强的，more 只能向前翻页，而 less 还可以向后翻页，除了 more 的功能键可以使用外，其功能键还有："Pgup"键向后回滚一页；向下的方向键向前翻一行，向上的方向键回滚一行。

另外，less 命令还有搜索功能，在浏览状态下的提示符下输入"/"和所要搜索的内容，就可以在文件中检索到所有匹配的项，按"n"(next)键可以找到其他匹配的项。

6) 显示文件前几行命令 head

head 命令的完整路径是/bin，所有用户都可以使用，其功能是显示指定文件开头部分的指定行数。其命令格式如下：

[root@localhost ~]# head　[选项] 文件名

选项说明：

-n：指定返回前几行，缺省值为 10。

例 3.6　可用如下命令显示/etc/services 文件的前 30 行：

[root@localhost ~]# head -n 30 /etc/services

7) 显示文件后几行命令 tail

tail 命令的完整路径是/bin，所有用户都可以使用，其功能是显示指定文件的末尾部分的指定行数。其命令格式如下：

[root@localhost ~]# tail [选项] 文件名

选项说明：

-n：指定返回后几行，缺省值为 10。

-f：动态显示文件的内容，在监控日志时特别有用，当系统有变化时，相应的日志服务器就会记录日志内容，这种变化会动态实时显示出来。

2．目录操作命令

1) 创建目录命令 mkdir

mkdir(make directory)命令在/bin 目录下，所有用户都可以使用，其功能是创建新目录。其命令格式如下：

[root@localhost temp]# mkdir [选项] [目录名]

选项说明：

-p：递归创建目录。

例 3.7 可用如下命令在当前目录下创建一个新目录 dir_test：

[root@localhost temp]# mkdir dir_test

例 3.8 可用如下命令在/temp 目录下创建一个新目录 dir_testa，同时在 dir_testa 目录下创建两个子目录 dir1 和 dir2：

[root@localhost ~]# mkdir -p /temp/dir_testa/dir1　　/temp/dir_testa/dir2

[root@localhost ~]# ls -l /temp/dir_testa　　#验证目录已创建好

执行结果：

total 8

drwxr-xr-x. 2 root root 4096 Apr 30 23:10 dir1

drwxr-xr-x. 2 root root 4096 Apr 30 23:10 dir2

本例中，mkdir 命令同时创建了多个目录，目录之间用空格分隔，用 -p 参数递归创建目录。

2) 切换当前目录命令 cd

cd(change directory)命令是 shell 内置命令，所有用户都可以使用，其功能是切换当前目录。在 Linux 系统中"/"表示根目录，".."表示父目录，"."表示当前目录。其命令格式如下：

[root@localhost temp]# cd [参数]

参数说明：

命令参数指定要将当前工作目录切换到哪个目录。

例 3.9 可用如下命令将当前工作目录切换为/temp/dir_testa/dir1 目录：

[root@localhost temp]# cd ./dir_testa/dir1　　#执行命令前的当前目录是/temp

[root@localhost dir1]# pwd　　#打印当前目录以验证当前目录是/temp/dir-testa/dir1

显示结果：

/temp/dir_testa/dir1

3）显示当前目录 pwd

pwd(print working directory)命令所在目录为/bin，所有用户都可以使用，其功能是打印当前目录的完整路径。其命令格式如下：

[root@localhost temp]# pwd

使用方法参见例 3.9。

4）删除目录命令 rmdir

rmdir(remove empty directory)命令的目录路径为/bin，所有用户都可以使用，其功能是删除所指定的空目录，注意：所删除的目录必须是空目录。其命令格式如下：

[root@localhost temp]# rmdir [参数]

参数说明：

命令参数指定要删除的目录名称。

例 3.10　用如下命令删除/temp/dir_testa 目录时，系统会报错：

[root@localhost temp]# rmdir ./dir_testa

执行结果：

rmdir：failed to remove `./dir_testa': Directory not empty

因为./dir_testa 不是空目录，它包含下一级目录或文件，所以需要先删除其中的子目录和文件，才能删除该目录。正确的做法是：

[root@localhost temp]# ls ./dir_testa　#先查看要被删除的目录下有哪些子目录和文件

dir2

[root@localhost temp]# rmdir ./dir_testa/dir2　#接着删除子目录和文件

[root@localhost temp]# rmdir ./dir_testa　　#然后删除要被删除的目录

5）目录文件复制命令 cp

cp(copy)命令所在目录是/bin，所有用户都可以使用，其功能是复制一个或多个文件(或目录)到目标目录。其命令格式如下：

[root@localhost temp]# cp [选项] [参数 1] [参数 2]

选项说明：

-r：复制的是目录。

-p：复制时保留文件属性，包括最后一次修改时间都不会改变。

参数说明：

参数 1 指定要复制的源目录或文件，参数 2 指定文件或目录复制的目标位置。

例 3.11　用如下命令将目录文件/temp/zhengze 复制到 /temp/dir_test 目录时，系统会报错：

[root@localhost temp]# cp /temp/zhengze /temp/dir_test/

执行结果：

cp: omitting directory '/temp/zhengze'

错误提示："略过目录 '/temp/zhengze'"。因为复制的是目录，所以要求使用"-r"参数，正确的做法是：

[root@localhost temp]# cp -r /temp/zhengze /temp/dir_test/

例 3.12　可用如下命令将目录文件/temp/zhengze 复制到/temp/dir_test 目录，同时改名为 zhz：

[root@localhost temp]# cp -r /temp/zhengze /temp/dir_test/zhz

[root@localhost temp]# ls ./dir_test/　　#验证命令执行结果

zhengze　　zhz

6) 目录文件剪切命令 mv

mv(move)命令的完整路径是/bin，所有用户都可以使用，其功能是剪切(移动)指定文件到目标目录，同时可以改名。其命令格式如下：

[root@localhost temp]# mv [参数 1] [参数 2]

参数说明：

参数 1 指定要移动的源文件，参数 2 指定移动文件的目标位置。

例 3.13　可用如下命令将/temp/zhengze/studentinfo.txt 移动到当前目录：

[root@localhost temp]# mv /temp/zhengze/studentinfo.txt .

例 3.14　可用如下命令将当前目录下的 studentinfo.txt 改名为 sdinfo.txt3：

[root@localhost temp]# mv studentinfo.txt　　sdinfo.txt3

小知识　　clear 命令或 "Ctrl+L" 键清除屏幕内容。

7) 目录文件删除命令 rm

rm 命令(remove)的完整路径是/bin，所有用户都可以使用，其功能是删除目录或文件。注意删除是不可恢复的。其命令格式如下：

[root@localhost temp]# rm [选项] 参数

选项说明：

-r：删除目录

-i：删除前要求确认

-v：详细显示删除步骤

-f：强制(force)删除，不提示确认。不带此选项，系统会询问 "是否删除该文件"(如果是删除目录，那么在删除目录下的每个文件或目录时，都会进行询问)。

参数说明：

参数指定要删除的文件或目录，必须指定其中之一。

例 3.15　可用如下命令删除当前目录下的 studentinfo.txt 文件：

[root@localhost temp]# rm studentinfo.txt

例 3.16　用如下命令删除当前目录下的/zhengze 目录时，系统会报错：

[root@localhost temp]# rm /temp/zhengze

显示下列提示：

rm: cannot remove `/temp/zhengze': Is a directory

系统提示不能删除目录，需要用"-r"选项。一般"-r"和"-f"联合使用，这样系统就不再询问，直接删除。正确做法是：

[root@localhost temp]# rm -rf ./zhengze/studentinfo.txt

3.1.3　链接文件创建命令

链接文件是 Linux 系统中的一种文件类型，其包括硬链接文件和软链接文件两种类型。硬链接文件的创建类似于保留属性的文件拷贝(cp -p)，但与拷贝不同的是硬链接文件与源文件具有相同的 Inode 号，硬链接文件与源文件同步修改(对一个文件的修改可以同步到另一文件)；软链接文件的创建相当于在 Windows 系统中创建文件的快捷方式，可以认为软链接文件是指向源文件的一个符号。

硬链接文件不能跨分区使用，也不能对目录创建硬链接；而软连接既可以跨分区创建，也可以用于目录文件。

创建链接文件的命令是 ln(make links between files)，其完整路径是/bin，所有用户都可以使用，其功能是创建链接文件。其命令格式如下：

[root@localhost temp]# ln [选项]　参数 1　参数 2

选项说明：

-s：说明要创建软链接文件，缺省值表示创建硬链接文件。

参数说明：

参数 1 指定创建链接文件的源文件名，参数 2 指定创建的链接文件目标文件名。

例 3.17　可用如下命令在当前目录下分别创建 studentinfo.txt 的硬链接文件 studentinfo_hard.txt 和软链接文件 studentinfo_soft.txt：

[root@localhost temp]# ln studentinfo.txt studentinfo_hard.txt

[root@localhost temp]# ln -s studentinfo.txt studentinfo_soft.txt

用如下 ls 命令查看所创建的文件：

[root@localhost temp]# ls -li studentinfo*.txt

执行结果：

261758 -rw-r--r--. 2 root root 122 May　1 05:15 studentinfo_hard.txt

261762 lrwxrwxrwx. 1 root root　15 May　1 15:19 studentinfo_soft.txt -> studentinfo.txt

261758 -rw-r--r--. 2 root root 122 May　1 05:15 studentinfo.txt

可以看出硬链接文件与源文件除了 Inode 号相同外，其他所有属性也都相同。软链接文件与源文件的 Inode 号不同，而且文件明显很小，可以看出软链接文件是指向源文件的一个符号。当源文件删除后，硬链接文件仍然有效，而软链接文件就只剩下一个指向原文的符号了。

"studentinfo_soft.txt -> studentinfo.txt"说明软链接文件"studentinfo_soft.txt"指向的源文件是"studentinfo.txt"，"lrwxrwxrwx"中的"l"说明该文件是软链接文件，且所有人对该文件都具有"rwx"权限。但是源文件的操作权限由源文件的权限设置来决定。

3.2 权限管理命令

3.2.1 权限管理命令 chmod

Linux 系统中基于文件的用户分为所有者(u)、所属组(g)和其他人(o)三类，文件所有者只有一个，所属组也只有一个(包括若干用户)，除此之外的用户都属于其他人。每类用户对文件都可以享有读、写和执行权限，在文件创建的时候，系统为三类用户分配默认权限，文件所有者或系统管理员(root)可以对文件权限进行更改(其他用户都不能修改文件权限)。

1. 修改权限命令 chmod

chmod(change the permissions mode of a file)命令的完整目录是/bin，只有文件所有者和管理员(root 用户)才有权限执行该命令，其功能是改变用户对文件的操作权限。

命令格式一：

[root@localhost~]# chmod [选项] [{ugoa}{+-=}{rwx}] 文件或目录名

选项说明：

-R：递归修改文件权限，即连同指定目录下的所有文件的权限都被修改。

参数说明：

u：所有者。

g：所属组。

o：其他人。

a：所有用户。

+：在原有权限上增加权限。

-：在原有权限上减少权限。

=：重新分配权限。

例 3.18 可用如下命令查看/temp/sutdentifno.txt 文件的权限，并为所有者添加执行权限、为用户组添加写权限：

[root@localhost temp]# ls studentinfo.txt -l   #查看/temp/sutdentifno.txt 文件的权限

执行结果：

-rw-r--r--. 2 root root 122 May   1 05:15 studentinfo.txt

[root@localhost temp]# chmod u+x,g+w studentinfo.txt   #为所有者添加执行权限、为用
                                                              户组添加写权限

[root@localhost temp]# ls studentinfo.txt -l   #验证执行结果

执行结果：

-rwxrw-r--. 2 root root 122 May   1 05:15 studentinfo.txt

命令格式二：

[root@localhost~]# chmod [-R] [mode] 文件名

文件的权限标志位长度为 9，每 3 位为一组，依次代表所有者、所属组和其他人的读、写和执行权限。用户权限表示位含义说明，如表 3.1 所示。

表 3.1　用户权限表示位含义说明表

用户	所有者			用户组			其他人		
位序	1	2	3	4	5	6	7	8	9
权限	读(r)	写(w)	执行(x)	读(r)	写(w)	执行(x)	读(r)	写(w)	执行(x)
取值	0 或 1	0 或 1	0 或 1	0 或 1	0 或 1	0 或 1	0 或 1	0 或 1	0 或 1

在这种命令格式下，如果某位为 "0"，则表示不具备该位所对应的权限；如果为 "1"，则表示具备该位所对应的权限。以 3 位为一组，把对应的 "0 或 1" 序列看做是 "二进制数"，然后把 3 组二进制数依次转换为对应的十进制数就是相应用户基于该文件的权限的 mode 值。

例 3.19　某个文件的权限为 "rwxr-xr-x" 则对应的 mode 值是多少？

由文件权限可知，对应的 "二进制" 序列是 "111101101"，每三位为一组转换成十进制数得 755，所以对应的 mode 的值为 755。

例 3.20　将/temp/yh.txt 文件的权限设置为 "rwxrw-rw-"。

因为 "rwxrw-rw-" 对应的 mode 值为 766，所以可用下列命令实现：

[root@localhost temp]# chmod 766 yh.txt

[root@localhost temp]# ls -l yh.txt　　　#验证执行结果

执行结果：

-rwxrw-rw-. 1 root root 0 Apr 26 17:07 yh.txt

对于目录文件来说，有 "r" 权限的用户一定有 "x" 权限。

2. 深入理解文件权限

文件的 "rwx" 权限，对于文件和目录有不同的含义，如表 3.2 所示。

表 3.2　对于文件和目录相同的用户权限表示的含义不同

权限	对文件的含义	对目录的含义
读(r)	可以查看文件内容。如：可以使用 cat、head、tail 等命令查看文件内容	可以列出目录中的文件或目录
写(w)	可以修改文件内容，如：可使用 vi 等工具编辑、修改文件内容	可以删除、修改该目录下的文件或目录
执行(x)	对可执行文件有效，表示可以执行文件	可以执行 cd 命令，进入目录

如果用户对目录只具备 "-w-" 权限，是不能删除其中的内容的，因为没有执行权限。同理，用户对目录只具备 "-wx" 权限时，用户可以进入目录，但不能查看其中的内容，所

以也不能删除其中的目录或文件；只有用户对目录具有"rwx"权限时，才能删除其中的目录和文件，而与被删除的文件或目录的权限无关。另外，对于目录文件，通常同时分配"r"和"x"权限，而不单独分配"r"或"x"权限，但是对某目录具备"r--"权限的用户，虽然不能进入目录，但可以查看目录中的内容。

3.2.2 其他权限管理命令

1. 修改文件所有者命令 chown

chown(change ownership of a file)命令的完整路径是/bin，只有管理员(root 用户)才有权限执行该命令，其功能是改变文件的所有者。其命令格式如下：

[root@localhost temp]# chown [用户名] [文件名]

例 3.21　可用如下命令将文件/temp/whatday.sh 的所有者改为 yh(该用户已创建)：

[root@localhost temp]# chown yh whatday.sh

[root@localhost temp]# ls -l whatday.sh　　　#验证执行结果

执行结果：

-rwxr-xr-x. 1 yh root 127 Apr 30 15:55 whatday.sh

2. 改变文件所属组命令 chgrp

chgrp(change group ownership)命令的完整路径是/bin，只有管理员(root 用户)才有权限执行该命令，其功能是改变文件的所属组。其命令格式如下：

[root@localhost temp]# chgrp [组名] [文件名]

例 3.22　可用如下命令将文件/temp/whatday.sh 的所属组改为 yh(该用户组已创建)：

[root@localhost temp]# chgrp yh whatday.sh

[root@localhost temp]# ls -l whatday.sh　　　#验证执行结果

执行结果：

-rwxr-xr-x. 1 yh yh 127 Apr 30 15:55 whatday.sh

3. umask 命令

缺省情况下，文件的所有者就是文件的创建者，文件的所属组就是文件的所有者的缺省所属组，一个用户可以同时属于多个所属组，但只能有一个缺省所属组。默认情况下，用户的缺省组与用户名相同。

umask 命令(the user file-creation mask)是 Shell 内置命令，所有用户都可以使用，其功能是显示或定义文件的缺省权限。其命令格式如下：

[root@localhost temp]# umask [-S]

选项说明：

-S：以 rwx 形式显示新建文件缺省权限。

例 3.23　可用如下命令查看当前 Linux 的文件缺省权限：

[root@localhost temp]# umask -S

执行结果：

u=rwx,g=rx,o=rx

说明：当前 Linux 用户的缺省权限是 "rwxr-xr-x"，也就是说，用户创建的所有目录和文件的缺省权限是 "rwxr-xr-x"。但需要注意的是 Linux 默认不给任何新建文件授予执行权限，所以，虽然当前 Linux 的用户缺省权限是 "rwxr-xr-x"，但新建文件的默认权限是 "rw-r--r--"，只有新建目录的默认权限是 "rwxr-xr-x"。

在缺省选项 "-S" 的情况下，命令[root@localhost temp]# umask 的执行结果是：0022。第一个 "0"，表示特殊权限，在后续章节中讲解，后三位是文件的权限掩码，即 "----w--w-"，翻译成源码，就是 "rwxr-xr-x" 与命令[root@localhost temp]# umask -S 的执行效果是等价的。

例 3.24 将当前 Linux 的文件缺省权限设置为 754，即："rwxr-xr--"。

因为把 754 翻译成权限掩码是 023，所以执行如下命令即可将文件缺省权限设置为 754：

[root@localhost temp]# umask 023

[root@localhost temp]# umask -S

显示结果：

u=rwx,g=rx,o=r   #显示已修改为 754

[root@localhost temp]# mkdir umask_test

[root@localhost temp]# ls -ld umask_test/   #验证新建目录的缺省权限成为：754

显示结果：

drwxr-xr--. 2 root root 4096 May   2 15:26 umask_test/

[root@localhost temp]# umask 022   #实验结束后，改回原值

3.3 文件搜索命令

搜索命令的执行是非常消耗系统资源的，所以在 Linux 系统的维护中，我们尽量少用搜索命令，特别是在服务访问高峰期。在系统运行初期对硬盘的分区和目录进行合理规划、在使用过程中规范、合理使用磁盘空间，非常有利于提高系统执行效率。

3.3.1 文件搜索命令 find

find 命令的完整路径是/bin，所有用户都可以使用，其功能是在指定范围内搜索符合条件的文件或目录。文件查找命令支持 "*"、"？" 等通配符。其命令格式如下：

[root@localhost temp]# find [搜索范围] [选项 匹配条件]

选项说明：

-name 文件名：根据文件名进行搜索。

-iname 文件名：根据文件名进行搜索，但不区分大小写。

-size[+n | -n | =n]：根据文件大小进行搜索，与 "+n"、"-n" 和 "=n" 配合使用，"n" 表示数据块的大小，1 个数据块 = 512 字节，即 1 KB 是两个数据块。"+n"表示大于 n，"-n"

表示小于 n，"=n" 表示等于 n。

-user 用户名：根据文件所有者进行查找。

-group 所属组名：根据所属组查找文件。

[-amin|-cmin|-mmin] [+n|-n|=n]："-amin"、"-cmin" 和 "-mmin" 依次表示根据文件访问时间(access minute)、文件属性修改时间(change minute)、文件内容修改时间(modify minute)进行查询；"n" 表示分钟数，"+n"、"-n" 和 "=n" 依次表示大于 n 分钟、小于 n 分钟和等于 n 分钟。

-type：根据文件类型进行查找，"f"、"d" 和 "1" 分别表示普通文件、目录、软链接文件。

-inum：根据 i 节点进行查找。

[-exec|-ok] 命令{ } \;：对 find 命令的查询结果，执行指定的命令，"{} \;"是固定格式。"-exec" 指执行指定命令，而不询问，"-ok" 指执行指定命令，并进行询问。

例 3.25 可用如下命令在/etc 目录中搜索文件名包含 "init" 的所有文件：

[root@localhost temp]# find /etc -name *init*

执行结果：

/etc/sysconfig/init

/etc/sysconfig/network-scripts/init.ipv6-global

/etc/init.d

……

例 3.26 在整个计算机中查找大于 100 MB 的文件。

因为 100 MB = 100 × 1024 KB = 100 × 1024 × 2 个数据块，所以执行下列命令即可查找到所有大于 100 MB 的文件：

[root@localhost temp]# find / -size +204800

执行结果：

……

/sys/devices/pci0000:00/0000:00:0f.0/resource1

/sys/devices/pci0000:00/0000:00:0f.0/resource1_wc

例 3.27 可用如下命令在整个计算机中查找所有者为 yh 的文件：

[root@localhost temp]# find / -user yh

例 3.28 可用如下命令在/temp 目录下查找 10 分钟内文件内容被修改过的文件：

[root@localhost temp]# find /temp   -mmin -10

执行结果(命令执行前，有意对/temp/whatday.sh 进行了修改)：

/temp

/temp/whatday.sh

另外，find 命令中的匹配条件还支持 "-a"(与)、"-o"(或)等逻辑操作。

例 3.29 在/etc 目录下查找大于 5 MB 而小于 10 MB 的所有文件。

因为 5 MB = 5 × 1024 KB = 5 × 1024 × 2 个数据块 = 10 240 个数据块，同理 10 MB =

20 480 个数据块，所以，用如下命令即可在/etc 目录下查找大于 5 MB 而小于 10 MB 的所有文件：

[root@localhost temp]# find /etc　　-size +10240 -a -size -20480

执行结果：

/etc/selinux/targeted/policy/policy.24

/etc/selinux/targeted/modules/active/policy.kern

例 3.30　可用如下命令在/etc 目录下查找以 a 开头的目录文件：

[root@localhost temp]# find /etc -name a* -a -type d

例 3.31　可用如下命令在/tmp 目录下查找并删除 100 MB 以上的文件：

[root@localhost temp]# find /tmp -size +204800 -a -type f -ok rm -fr {} \;

例 3.32　可用如下命令在/temp 目录下查找 whatdate.sh 文件的硬链接文件：

[root@localhost temp]# ls /temp/whatday.sh -li　　#首先获取文件 whatdate.sh 的 i 节点号

显示结果：

261764 -rwxr-xr-x. 1 yh yh 128 May　　2 20:51 /temp/whatday.sh

[root@localhost temp]# find /temp/ -inum 261764　　#查找 whatdate.sh 的硬链接文件

3.3.2　其他搜索命令

1．快速文件查找命令 locate

locate 命令的完整路径是/usr/bin，所有用户都可以使用，其功能是在文件资料库中查找文件。locate 命令并不是在指定范围内进行搜索，而是在一个动态更新的 Linux 文件资料库中(/var/lib/mlocate/mlocate.db)搜索，所以执行速度很快。其命令格式如下：

[root@localhost temp]# locate [选项] 文件名

选项说明：

-i：不区分大小写。

mlocate.db 资料库是动态更新的，所以存在这样的问题，即如果有新建文件的信息未更新到 mlocate.db 资料库中，就找不到该文件。所以在执行该命令前，建议先用 updatedb 命令对 mlocate.db 资料库进行更新。

例 3.33　可用如下命令快速查找 whatdate.sh 文件：

[root@localhost temp]# updatedb　　#先更新资料库

[root@localhost temp]# locate whatday.sh

另外，/tmp 目录下的文件不在 mlocate.db 资料库的收录范围之内，所以使用 locate 命令查找文件时不能查找到/tmp 目录下的文件。

2．命令所在目录查找命令 which

which 命令的完整路径为/bin，所有用户都可以使用，其功能是查找指定命令及其别名(如果有别名)所在的目录。其命令格式如下：

[root@localhost temp]# which 命令名

例 3.34 可用如下命令查找 groupadd 命令所在目录:

[root@localhost temp]# which groupadd

执行结果:

/usr/sbin/groupadd

该命令在/usr/sbin 目录下,说明只有管理员(root 用户)才能执行该命令。

例 3.35 可用如下命令查找 ls 命令所在目录和别名:

[root@localhost temp]# which ls

执行结果:

alias ls='ls --color=auto'

       /bin/ls

本例中,不仅可以得到命令 ls 的所在目录,还能获知 ls 命令的别名是"ls --color=auto",告诉我们执行 ls 的效果和执行 ls --color=auto 命令的效果是一样的。

3. 命令所在目录查找命令 whereis

whereis 命令的完整目录是/usr/bin,所有用户都可以使用,其功能与 which 类似,不同的是 whereis 不仅可以查找到命令所在的目录,还可以查找到命令的帮助文件所在的目录。其命令格式如下:

[root@localhost temp]# whereis 命令名

4. 文件内容搜索命令 grep

grep 命令的完整目录是/bin,所有用户都可以使用,其功能是在指定文件中查找包含指定字符串的行。其命令格式如下:

[root@localhost temp]# grep [选项] 字符串 文件名

选项说明:

-i:不区分大小写。

-v:排除指定字符串(取反)。

例 3.36 可用如下命令在/etc/passwd 文件中查找包含用户 yh 的行(不区分大小写):

[root@localhost temp]# grep -i   yh /etc/passwd

执行结果:

yh:x:505:505::/home/yh:/bin/bash

例 3.37 可用如下命令在/etc/passwd 文件中查找行首不包含注释符号"#"的行:

[root@localhost temp]# grep ^# -v /etc/inittab

3.4 帮 助 命 令

1. 帮助命令 man

man(manual,手册)命令的完整路径是/bin,所有用户都可以使用,其功能是查找指定命令或配置文件的帮助文件(包括对命令功能和参数功能的解释)。其命令格式如下：

[root@localhost temp]# man [n]　命令名或配置文件

n：1～8 之间的数，表示不同文件的帮助信息，缺省值为“1”即命令的帮助信息。

例 3.38　可用如下命令查看 mkdir 命令的帮助信息：

[root@localhost temp]# man mkdir

如果是查找配置文件的帮助的信息，那么只需要配置文件即可，而不需要配置文件的绝对路径；如果使用绝对路径，则执行结果是显示文件的内容，而不是对应帮助文件的信息。

Linux 系统中的帮助信息有很多种，最主要的有两类：命令帮助文件和配置文件帮助文件，用“1”和“5”来区别，“1”表示命令的帮助文件，“5”表示配置文件的帮助文件。以 passwd 命令(配置文件)为例，解释如下：

/usr/bin/passwd　　　#是 passwd 命令

/etc/passwd /　　　#是 passwd 配置文件

usr/share/man/man1/passwd.1.gz　　#是 passwd 命令的帮助文档

usr/share/man/man5/passwd.5.gz　　#是 passwd 配置文件的帮助文档

执行 man passwd 命令时优先显示 passwd 命令的帮助文件，那么如何显示 passwd 配置文件的帮助信息呢？下面举例说明：

例 3.39　可用如下命令查询 passwd 配置文件的帮助信息：

[root@localhost temp]# man 5 passwd　　#用“5”声明，表示查看配置文件的帮助信息

使用 man 命令在查询命令帮助信息的过程中，可以使用空格键翻到下一页、回车键滚到下一行、“q”键退出，用“\”+关键字查找感兴趣的信息。

2．查看命令简要说明的命令 whatis

whatis 的完整路径是/usr/bin，所有用户都可以执行，其功能是查看命令的简短说明。其命令格式如下：

[root@localhost temp]# whatis　命令名

例 3.40　可用如下命令查看 mkdir 命令的简短说明：

[root@localhost ~]# whatis mkdir

执行结果：

mkdir　　　　　　　　　(1)　- make directories

3．查看配置文件简要说明的命令 apropos

apropos 的完整路径是/usr/bin，所有用户都可以执行，其功能是查看配置文件的简短说明。其命令格式如下：

[root@localhost ~]# apropos　配置文件名称

4．查看 Shell 内置命令的帮助信息的命令 help

help 命令是 Shell 内置命令，所有用户都可以使用，其功能是获取 Shell 内置命令的帮助信息。其命令格式如下：

[root@localhost ~]# help　　shell 内置命令

小知识　Shell 是命令解释器，其内置了一些专用命令，如：cd、umask、if、case、for 等。用 whereis 命令和 which 命令找不到 Shell 内置命令的具体目录。

例 3.41　可用如下命令查看 umask 命令的帮助信息：

[root@localhost ~]# help umask

5. 帮助信息查看命令 info

info 命令的完整目录是/usr/bin，所有用户都可以使用，其命令格式及功能与 man 命令类似。

6. 查看命令选项的参数-help

--help 参数用于查找命令选项的用法。其命令格式如下：

[root@localhost ~]# 命令名称　-help

3.5　用户管理常用命令

1. 创建用户命令 useradd

useradd 命令的完整目录是/usr/sbin，只有 root 用户才能执行该命令，其功能是添加新用户。其命令格式如下：

[root@localhost ~]# useradd　用户名

2. 设置用户密码命令 passwd

passwd 命令的完整目录是/usr/bin，所有用户都可以使用，其功能是设置指定用户的密码。其命令格式如下：

[root@localhost ~]# passwd [参数]

参数说明：

参数指定要为哪个用户修改密码，缺省情况下修改用户自己的密码。root 用户可以修改任何用户的密码，所以参数中要指定为哪个用户修改密码，普通用户只能修改自己的密码，所以使用缺省值。

注意：(1) 所有用户都可以修改自己的密码，但 root 用户可以修改任何用户的密码；(2) 修改用户密码要遵循密码规则，否则系统将拒绝修改密码(root 除外)。

3. 查看登录用户信息 who

who 命令所在完整目录是/usr/bin，所有用户都可以使用，其功能是查看登录用户的信息。其命令格式如下：

[root@localhost ~]# who

例 3.42　可用如下命令查看当前登录系统的用户信息：

[root@localhost ~]# who

执行结果：

root	tty1	2018-05-06 02:45
yh	pts/0	2018-05-06 09:59 (192.168.250.101)

说明当前有两个用户登录系统，root 管理员于 2018-05-06 02:45 从本机(缺省登录主机)通过本地终端(tty1)登录系统；yh 用户于 2018-05-06 09:59 从 192.168.250.101 主机通过远程终端(pts/0)登录系统。

4．查看登录用户详细信息的命令 w

w 命令的完整目录是/usr/bin，所有用户都可以使用，其功能是查看登录用户的详细信息。其命令格式如下：

[root@localhost ~]# w

例 3.43　可用如下命令查看当前登录用户的详细信息：

[root@localhost ~]# w

执行结果：

10:13:08 up 2:29,　4 users,　load average: 0.00, 0.00, 0.00

USER	TTY	FROM	LOGIN@	IDLE	JCPU	PCPU	WHAT
root	tty1	-	02:45	12:52	0.02s	0.00s	bash
root	pts/0	192.168.250.101	02:46	0.00s	0.11s	0.03s	w
root	pts/1	192.168.250.101	09:58	14:36	0.02s	0.02s	-bash
yh	pts/2	192.168.250.101	09:59	13:33	0.01s	0.01s	-bash

上述结果说明系统于 10:13:08 启动，已连续运行 2 小时 29 分钟，当前共有 4 个用户登录系统，系统前 5 分钟、10 分钟、15 分钟的平均负载均为 0.00。同时显示了每个用户的登录方式、登录主机、登录时间、登录后的空闲时间、CPU 累计占用时间、当前执行的命令占用的 CPU 时间和最近完成的操作。

3.6　压缩、解压命令

1．gzip 和 gunzip 命令

gzip(GNU zip)和 gunzip 命令的完整目录都是/bin，所有用户都可以使用。命令 gzip 的功能是压缩文件，该命令压缩的文件格式是.gz；命令 gunzip 的功能是解压缩.gz 格式的压缩文件。其命令格式如下：

[root@localhost ~]# gzip [文件名]

[root@localhost ~]# gunzip [.zip 格式的压缩文件]

需要注意的是，gzip 只能压缩文件，不能压缩目录，而且不保留原文件。经 gzip 压缩后，被压缩的原文件就自动删除，系统不再保留，同样，经 gunzip 解压后的原.zip 格式压缩文件也被自动删除，系统不再保留。

另外，gunzip 与 gzip -d 命令的功能是等效的，可以根据个人习惯选择使用。

2．tar 命令

tar 命令的完整目录是/bin，所有用户都可以使用，其功能是对目录进行打包压缩或解包解压。压缩后的文件格式是.tar.gz。其命令格式如下：

[root@localhost ~]# tar [选项] [压缩后的新文件名] [被打包压缩的原目录文件]

选项说明：

-c：打包。

-x：解包。

-v：显示详细信息。

-f：指定文件名。

-z：打包的同时压缩或解压的同时解包。

例 3.44 把/temp 目录打包为.tar.gz 格式的压缩包。

第一种方法，用 tar 命令，打包的同时压缩：

[root@localhost /]# tar -vczf temp.tar.gz /temp

第二种方法，先用 tar 命令压缩为.tar 包文件，再用 gzip 命令压缩为.gz 格式的压缩包：

[root@localhost /]# tar -cvf temp.tar /temp

[root@localhost /]# gzip temp.tar

例 3.45 对 temp.tar.gz 压缩包进行解压。

第一种方法，用 tar 命令，解压的同时解包：

[root@localhost /]# tar -vxzf temp.tar.gz

第二种方法，用 gzip -d 命令先解压，再用 tar 命令解包：

[root@localhost /]# gzip -d temp.tar.gz

[root@localhost /]# tar -xvf temp.tar

3．zip 和 unzip 命令

zip 命令和 unzip 命令的完整目录都是/usr/bin，所有用户都可以使用，用于压缩和解压文件或目录，压缩后的文件格式为.zip。Linux 和 Windows 都支持.zip 格式的压缩和解压缩，而且 zip 命令压缩后保留原文，unzip 命令解压后保留原压缩文件。其命令格式如下：

[root@localhost /]# zip [选项] [压缩后的文件名] [压缩前的文件或目录]

[root@localhost /]# unzip .zip 格式的压缩文件

选项说明：

-r：压缩的是目录，缺省为压缩文件。

例 3.46 可用如下命令将/temp 目录压缩为.zip 格式的压缩包：

[root@localhost /]# zip -r temp.zip /temp

例 3.47 可用如下命令解压 temp.zip：

[root@localhost /]# unzip temp.zip

4．bzip2 和 bunzip2 命令

bzip2 和 bunzip2 命令的完整目录都是/usr/bin，所有用户都可以使用，其功能是压缩或解压缩文件，压缩后的文件为.bz2 格式的文件。需要注意的是：该命令只压缩文件，不压

缩目录，但 bzip2 压缩比非常惊人，对于大文件的压缩非常有效。其命令格式如下：

[root@localhost /]# bzip2 [-k] [需要被压缩的原文件]

[root@localhost /]# bunzip2 [-k] [压缩原文件]

选项说明：

-k：在解压缩文件时，保留原文件。

例 3.48　可用如下命令将 whatday.sh 文件压缩为.bz2 格式的文件：

[root@localhost temp]# bzip2 whatday.sh -k

.bz2 压缩比非常大，所以经常需要将目录压缩为.bz2 格式的压缩包，下面举例说明如何将目录压缩为.bz2 压缩包。

例 3.49　将/etc 目录压缩为.bz2 格式的压缩包。

方法一：使用 tar -cjfP 命令：

[root@localhost temp]# tar -cjvfP etc.tar.bz2 /etc

-rw-r--r--. 1 root root 7490730 May　6 15:58 etc.tar.bz2

注意：选项如果不加选项-P，在压缩或解压过程中将会报错，关于参数-P 的更多解释请参考相关技术资料。

方法二：先用 tar 命令打包为 etc.tar 文件，然后再用 bzip2 压缩为 etc.tar.bz2 压缩包：

[root@localhost temp]# tar -czvf etc.tar /etc

[root@localhost temp]# bzip2 -k etc.tar

例 3.50　可用如下命令解压 whatday.sh.bz2 压缩包，同时保留压缩包：

[root@localhost temp]# bunzip2 -k whatday.sh.bz2

例 3.51　解压 etc.tar.bz2 压缩包。

方法一：[root@localhost temp]# tar -xjvf etc.tar.bz2

方法二：[root@localhost temp]# bunzip2 -k　etc.tar.bz2　#得到 etc.tar

　　　　　[root@localhost temp]# tar -xzvf　etc.tar

3.7　网 络 命 令

3.7.1　即时消息发送命令 write 和 wall

write 和 wall(write all)命令的完整目录都是/usr/bin，所有用户都可以使用，用于给在线用户发送即时消息。消息写完后，用"Ctrl+D"键保存结束。

write 命令用于给单个用户发送消息，wall 命令用于给所有在线用户(包括自己)发送消息(广播消息)。其命令格式如下：

[root@localhost temp]# write 用户名　　#给单个用户发送消息

[root@localhost temp]# wall　　　　　　　#给所有在线用户发送消息

例 3.52　请给 yh 用户发送即时消息"Please take part in the meeting tomorrow morning."。

第一步，用 who 命令查看 yh 用户是否在线，如果在线就执行以下命令(不在线不能发送消息)：

[root@localhost temp]# write yh

第二步，输入要发送的消息：

Please take part in the meeting tomorrow morning

第三步，按"Ctrl+D"键保存结束。

用户 yh 就会收到如下消息：

Message from root@localhost.localdomain on pts/0 at 16:55 ...

Please take part in the meeting tomorrow morning

EOF

3.7.2 ping 命令

ping 命令的完整目录是/bin，所有用户都可以使用，用于测试网络的连通性。其命令格式如下：

[root@localhost temp]# ping [-c 数字]   IP 地址

选项说明：

-c 数字：指定发送测试包的次数，缺省为一直 ping 下去，直到按"Ctrl+C"键终止。

例 3.53 请通过 ping 网关地址，测试网络连通性，要求发送 2 次数据包。

本例中设所测试的网关真实地址为 192.168.250.1，所以可执行如下命令：

[root@localhost ~]# ping 192.168.250.1 -c 2

测试结果：

PING 192.168.250.1 (192.168.250.1) 56(84) bytes of data.

64 bytes from 192.168.250.1: icmp_seq=1 ttl=64 time=0.285 ms

64 bytes from 192.168.250.1: icmp_seq=2 ttl=64 time=0.270 ms

--- 192.168.250.1 ping statistics ---

2 packets transmitted, 2 received, 0% packet loss, time 1000ms

rtt min/avg/max/mdev = 0.270/0.277/0.285/0.018 ms

本例中，共发了两次数据包，掉包率为 0%(0% packet loss)，说明网络状态良好。在实际应用中应加大发包数量，以进一步确定网络的稳定性。

3.7.3 ifconfig 命令

ifconfig(interface configure)命令的完整目录是/sbin，只有 root 用户才有执行权限，其功能是查看和配置 IP 地址。其命令格式如下：

[root@localhost ~]# ifconfig [网卡号 IP 地址]

例 3.54 可用如下命令查看本机 IP 地址相关信息：

[root@localhost ~]# ifconfig

执行结果：

eth0　　　　Link encap:Ethernet　　HWaddr 00:0C:29:1C:ED:51

　　　　inet addr:192.168.250.102　Bcast:192.168.250.255　Mask:255.255.255.0

……

可以看出，局域网类型为 Ethernet，本网卡的物理地址为 00:0C:29:1C:ED:51，IP 地址是 192.168.250.102，广播地址是 192.168.250.255，子网掩码是 255.255.255.0。

例 3.55　可用如下命令为本地主机配置 IP 地址(设 IP 地址为 192.168.250.102)：

[root@localhost ~]# ifconfig eth0 192.168.250.102

3.7.4　mail 命令

mail 命令的完整路径是/bin，所有用户都可以使用，其功能是查看和发送电子邮件。和 write 命令不同，不管对方用户是否在线，都可以用 mail 命令发送电子邮件，但是 mail 命令只能在同一 Linux 系统的用户之间发送邮件，而不能在互联网用户之间发送邮件。对方用户登录系统后，系统会提示用户有新邮件。其命令格式如下：

[root@localhost ~]# mail 用户名

例 3.56　给 yh 用户发一份电子邮件。

第一步，执行下列命令，开始写信：

[root@localhost ~]# mail yh

第二步，输入邮件内容；

第三步，按"Ctrl+D"键，发送邮件。

对方收到邮件后，可以使用 mail 命令查看收到的邮件列表(邮件存储在/var/spool/mail/目录下)，在当前提示符下输入邮件编号，可以查看邮件的具体内容。按"h"键，重新显示邮件列表；按"d"键+邮件编号，删除对应邮件；输入"mail"，可以写邮件；按"q"键，退出邮件查看模式。

3.7.5　last 和 lastlog 命令

last 命令的完整目录是/usr/bin，所有用户都可以使用，其功能是显示过去和现在登录系统的用户信息，包括系统重启信息。其命令格式如下：

[root@localhost ~]# last

例 3.57　可用如下命令参看系统用户登录信息：

[root@localhost ~]# last

执行结果：

yh　　　　pts/2　　　　192.168.250.101　　　　Mon May　7 07:47　　　still logged in

yh　　　　pts/2　　　　192.168.250.101　　　　Sun May　6 17:06 - 07:47　(14:40)

yh　　　　pts/2　　　　192.168.250.101　　　　Sun May　6 09:59 - 17:06　(07:07)

root　　　pts/1　　　　192.168.250.101　　　　Sun May　6 09:58　　　still logged in

root	pts/0	192.168.250.101	Sun May	6 02:46	still logged in
root	tty1		Sun May	6 02:45	still logged in
reboot	system boot	2.6.32-431.el6.x	Sun May	6 02:45 - 07:54 (1+05:09)	

……

该命令显示了每个用户的详细登录信息，如用户 yh 进行过三次登录，都是通过 pts/2 终端从 192.168.250.101 主机远程登录，还显示了每次登录的开始时间、结束时间、总登录时长等，其中最后一次登录后一直在线。同时系统还显示了系统重启的相关信息。

last 命令是查看在线用户的登录信息，lastlog 命令是查看所有用户(包括不在线的用户)或指定用户的最后一次登录信息。其命令格式如下：

[root@localhost ~]# lastlog　　[-u 用户 ID]

选项说明：

-u 用户 ID：指定要查看哪个用户的最后一次登录信息，缺省显示所有用户的最后一次登录信息(用 cat /etc/passwd 命令查看用户 ID)。

例 3.58　　可用如下命令查看 yh 用户的最后一次登录信息：

[root@localhost ~]# lastlog -u 505

执行结果：

Username	Port	From	Latest
yh	pts/2	192.168.250.101	Mon May　7 07:47:53 -0500 2018

3.7.6　traceroute 命令

traceroute 命令的完整目录是/bin，所有用户都可以使用，其功能是路由跟踪，检查从当前主机到目标主机的路由状态。其命令格式如下：

[root@localhost ~]# traceroute IP 地址(或域名)

例 3.59　　可用如下命令跟踪当前主机至百度服务器的路由：

[root@localhost ~]# traceroute www.baidu.com

执行结果：

traceroute to www.baidu.com (183.232.231.173), 30 hops max, 60 byte packets

　1　192.168.250.1 (192.168.250.1)　　　　0.948 ms　0.379 ms　0.798 ms

　2　* * *

　3　192.168.100.253 (192.168.100.253)　0.939 ms　0.809 ms　0.654 ms

……

从 "www.baidu.com (183.232.231.173)" 可以看出，网络的 DNS 服务器是正常的。执行记录按序列号从 1 开始,每个记录就是一跳路由，"* * *"表示可能是防火墙封掉了 ICMP 的返回信息，所以我们得不到相关的数据包返回数据，有些网关处延时比较长，有可能是相应网关比较阻塞，也可能是物理设备本身的原因。

小知识　当网络出现故障时，可以使用该命令隔离故障，判断网络故障点。

3.7.7 netstat 命令

netstat(net state)命令的完整目录是/bin，所有用户都可以使用，其功能是显示网络状态信息。该命令的应用非常广泛，可以用于查看本机开启了哪些端口(服务)。其命令格式如下：

[root@localhost ~]# netstat [选项]

选项说明：

-t：查看使用 TCP(传输控制协议，面向连接的协议)协议的网络服务的状态信息。

-u：查看使用 UTP(用户数据包协议)协议的网络服务的状态信息。

-l：查看处于监听(listing)状态的端口。

-r：查看路由网关(router)。

-n：显示 IP 地址与端口号。

-a：查看所有服务。

netstat 命令执行结果的信息量非常大，有关参数含义如表 3.3 所示。

表 3.3　netstat 命令执行结果中各参数含义对照

名　　称	说　　明
1. Active Internet connections(有源 TCP 连接)	
Proto	使用的协议
Recv-Q	接收队列中包的数量，正常情况下为"0"，如果该值偏高，则说明出现堵塞
Send-Q	发送队列中包的数量，正常情况下为"0"，如果该值偏高，则说明出现堵塞
Local Address	本地地址和端口号，在网络访问中，发起端口是随机的，只有相应请求的目标端口是固定的(如 web 服务的端口是 80)
Foreign Address	远程地址和端口号
State	状态信息： LISTEN：表示监听来自远方的 TCP 端口的连接请求； SYN-SENT：在发送连接请求后等待匹配的连接请求； SYN-RECEIVED：在收到和发送一个连接请求后等待对方对连接请求的确认； ESTABLISHED：代表一个已建立的连接； CLOSED：没有任何连接状态
2. Active UNIX domain sockets 　(有源 Unix 域套接口，本地计算机中的程序对网络资源的使用情况)	
Proto	显示连接使用的协议
RefCnt	表示连接到本套接口上的进程号
Types	显示套接口的类型
State	显示套接口当前的状态
Path	表示连接到套接口的其他进程使用的路径

例 3.60 可用如下命令查看本机有哪些端口处于网络监听状态：

[root@localhost ~]#netstat -tlun

例 3.61 可用如下命令查看本机所有的网络连接：

[root@localhost ~]#netstat -an

例 3.62 可用如下命令查看本机路由表信息：

[root@localhost ~]# netstat -rn

3.7.8 setup 命令

setup 命令是 Redhat 系列 Liunx 系统开发的命令，其他系列的 Linux 不支持该命令。该命令的完整目录是/usr/sbin/，只有 root 用户才有权限执行该命令，其功能是交互式配置网络 IP 地址、子网掩码、网关、DNS 等网络信息。该命令配置的网络信息是永久生效的，不像 ifconfig 命令，当重启系统后，所有配置都会丢失。其命令格式如下：

[root@localhost ~]# setup

配置完毕后要执行以下命令，重启网络：

[root@localhost ~]# service network restart

3.8　关机重启命令

3.8.1 关机命令 shutdown

shutdown 命令的完整目录是/sbin，只有管理员有权限执行该命令，其功能是关闭、重启系统。shutdown 是最常用的关机重启命令，会在关机、重启时保存现有服务。一个好的服务器运维习惯是关机前，先停掉服务器对外提供的所有服务，以免损坏服务器硬盘。其命令格式如下：

[root@localhost~]# shutdown [选项] 时间

选项说明：

-c：取消(cancel)前一个关机命令。

-h：关机(halt)。

-r：重启(reboot)。

命令中的"时间"参数用来设置执行关机、重启时间，如"now"、"hh:mm"。

例 3.63 可用如下命令设定 Linux 在 16:30 重启系统：

[root@localhost~]# shutdown -r 16:30

3.8.2 其他关机和重启命令

1. halt、poweroff 和 init 0 命令

halt 命令、poweroff 命令和 init 0 命令的完整目录都是/sbin，只有 root 用户拥有执行这些命令的权限，其功能是关闭系统。其命令格式如下：

[root@localhost~]# halt

[root@localhost~]# poweroff

[root@localhost~]# init 0

2. 其他重启命令 reboot 和 init 6

这两条命令的完整目录也是/sbin，只有 root 用户才拥有执行这两条命令的权限，其功能就是关闭系统。其命令格式如下：

[root@localhost~]# reboot

[root@localhost~]# init 6

3. 退出命令 logout

logout 命令是 Shell 内置命令，用于退出登录。其命令格式如下：

[root@localhost~]# logout

小知识　　在完成对系统的维护工作后，一定要用该命令退出登录，以维护系统安全。

习题与上机训练

3.1　用 ls 命令的长格式显示根目录下的所有文件和目录，说明显示内容中每个字段的含义。

3.2　在根目录下创建一个名为 test 的目录，进入该目录依次创建名为 test1、test2、test3 的三个目录，在 test1 目录中创建 xiaoming.txt 文件，在 test2 目录中创建 xiaohong.txt 文件，在 test3 目录中创建 xiaoli.txt 文件。

3.3　在 3.2 题的基础上练习 cp、rmdir、pwd、rm、mv 命令的使用方法。

3.4　把目录/test/test1 复制到 /tmp/目录下，并改名为 test_copy。

3.5　查看文件/etc/aliases 内容，并显示行号。

3.6　以查看/etc/passwd 文件内容为例，说明 more、less、head、tail 命令在查看文件内容时有何异同。

3.7　硬链接文件和软链接文件有何异同？试创建/text/test1/xiaoming.txt 文件的硬链接文件和软链接文件。

3.8　用户对文件的操作权限包括哪几种？每种权限对文件和目录的含义是什么？

3.9　用两种方法将文件/test/test1/xiaoming.txt 的操作权限修改为 "-rwxrw-r-x"。

3.10　为系统新增三个用户，分别为 xiaoming、xiaohong 和 xiaoli，并设置密码。

3.11　将文件/test/test1/xiaoming.txt 的文件所有者修改为 xiaoming，将文件/test/test2/xiaohong.txt 的文件所有者修改为 xiaohong，将文件/test/test3/xiao li.txt 的文件所有者修改为 xiaoli。

3.12 将文件/test/test1/xiaoming.txt 的所属组修改为 xiaoming，将文件/test/test2/xiaohong.txt 所属组修改为 xiaohong，将文件/test/test3/ xiaoli.txt 的所属组修改为 xiaoli。

3.13 查看当前 Linux 系统的文件默认权限，将当前默认权限修改为"755"。

3.14 用 find 命令在/test 目录下查找大小为 1 MB 以上的文件并将其删除(用一条命令实现)。

3.15 为什么把 locate 命令称做快速文件搜索命令？

3.16 分别用 which 命令和 whereis 命令查看 useradd 命令所在的目录，并说明 which 命令和 whereis 命令在使用中的异同。

3.17 分别用 who 命令和 w 命令查看当前登录用户的信息，并说明两个命令的不同之处。

3.18 在/etc/passwd 文件中查找行首不包含注释符号"#"的行。

3.19 通过上机操作，比较常用帮助命令 man、whatis、apropos、help、info 有何异同。

3.20 比较 gzip、tar、zip、bzip2 文件压缩命令在使用中有何不同？

3.21 将/test/test1/xiaoming.txt 用合适的命令压缩为.zip 格式压缩文件，压缩后不保留源文件，验证压缩结果后，对该压缩文件进行解压。

3.22 用两种方法将/test 目录打包为.tar.gz 格式的压缩包，验证打包压缩结果后用两种方法将其解包解压。

3.23 用合适的命令将 /test/test2/xiaohong.txt 文件压缩为.bz2 格式的压缩文件，验证压缩结果后将压缩文件解压，解压缩时都不保留源文件。

3.24 用 tar 命令和 bzip2 命令将/test 目录压缩为 .bz2 格式的压缩包,验证压缩结果后，将其解压缩。

3.25 消息发送命令 write 与 wall 有何区别？请给将"Be a qualified operation and maintenance engineer"消息发送给在线用户 xiaoming。

3.26 可否使用 mail 命令给互联网用户发送电子邮件？请给用户 xiaoli 发送一份电子邮件。

3.27 last 与 lastlog 在使用中有什么区别？请查看系统中所有用户(包括非在线用户)的详细信息。

3.28 traceroute 命令在网络维护和故障排除中有哪些作用？

3.29 查看本机哪些端口处于网络监听状态。

3.30 为什么关闭服务器前要停止服务器所有 Internet 服务？用 shutdown 命令设定 Linux 在 00:30 重启系统。

第4章 软件包管理

本章学习目标

1. 了解 Linux 系统中软件包的两种基本类型：源码包和二进制包。

2. 了解 RPM 包的命名规则、RPM 包名、包全名及其依赖性等概念。

3. 掌握 RPM 包的安装、升级、卸载、查询及其校验的基本方法。

4. 掌握 yum 源的基本概念以及 yum 源常用查询命令及安装、升级、卸载命令的使用方法。

5. 掌握光盘 yum 源的搭建方法。

6. 掌握源码包的基本概念及其安装、卸载的基本方法。

7. 了解脚本安装包的基本概念及其安装过程。

4.1 软件包管理简介

　　Linux 软件包主要包括源码包和二进制包。

　　源码包就是通常所说的源代码包，如脚本安装包就是源码包。由于源码包开放源代码，所以任何用户都可以根据需要修改、优化源代码，也可以自由选择所需功能。源码包安装过程很容易报错，一旦报错，就需要通过分析源代码的方法来解决。由于新手一般不具备必要的 Linux 知识基础和编程技巧，所以很难解决。不过，源码包的卸载非常方便(把安装目录删了即可，不会留下任何垃圾文件)，虽然如此，现在也很少使用源码包了。

　　二进制包是 Linux 默认包，是源码包经过编译后的可执行程序包，即通常所说的 RPM(Red Hat Package Manager，Red Hat 软件包管理器)包。二进制包执行速度很快，但是不能对程序进行修改。对二进制包的管理非常简单，包的安装、升级、查询以及卸载非常方便，只需执行几条命令即可。

小知识　Windows 软件不能在 Linux 系统上运行，所以基于 Windows 系统的病毒对 Linux 系统没有任何威胁，所以所有基于 Windows 的应用要在 Linux 上实现，必须专门开发。

4.2 用 rpm 命令管理 RPM 包

　　虽然 RPM 包管理器是以 Red Hat 命名的，但是其设计理念是开放式的，在几乎所有的 Linux 的发行版本中都支持 RPM 包管理器。

4.2.1 RPM 包的命名规则

　　通常 RPM 包的文件名称由六个段组成，其命名遵循如下格式：

　　　　第 1 段 - 第 2 段 - 第 3 段 . 第 4 段 . 第 5 段 . 第 6 段

　　第 1～3 段之间用 "-" 号分割，第 3～6 段之间用 "." 号分割。

　　第 1 段用于指定软件包名称；第 2 段用于指定软件版本号；第 3 段用于指定软件发布次数；第 4 段用于指定可运行的 Linux 平台；第 5 段用于指定可运行的硬件平台；第 6 段就是 RPM 包扩展名(.rpm)。

　　例 4.1　从 "httpd-2.2.15-15.e16.centos.1.i686.rpm" 文件名可以获取哪些信息？

　　根据 RPM 包命名规则可知，该文件是 RPM 包文件，其软件名称是 httpd，软件版本是 2.2.15，该软件已发布 15 次，适合在 e16 和 CentOS 两种 Linux 系统上安装，需要硬件平台

i686 支持。**注意**：RPM 包的包名和包全名是不一样，在软件包的管理中，有时候需要用包名，有时候需要用包全名。在例 4.1 中，RPM 包的包名是 httpd，包全名是 httpd-2.2.15-15.e16.centos.1.i686.rpm。

小知识　Linux 系统并不要求为文件设置扩展名，Linux 也不能识别扩展名，Linux 系统的文件扩展名是用户为了自己管理方便而额外添加的。

4.2.2　RPM 包的依赖性

RPM 包的依赖性是指相关软件包的安装有一定的先后次序，而且后续安装的 RPM 包依赖于先前安装的 RPM 包，只有被依赖的 RPM 包成功安装了，后续 RPM 包才能顺利安装，否则就会报错，提示被依赖的 RPM 包没有安装，需要首先安装被依赖的 RPM 包。当被依赖的 RPM 包以 "so.2" 为 "扩展名" 时，表明这是一个库依赖包，而不是一个独立的 RPM 包，库依赖包包含于 RPM 包中，此时需要安装相应的 RPM 包。那么如何知道特定的库依赖于哪个 RPM 包呢？我们可以通过 www.rpmfind.net 网址非常方便地查询到特定库所依赖的 RPM 包。

RPM 包的依赖性主要有树形依赖、环形依赖和模块依赖等三种情况。

4.2.3　RPM 包的安装、卸载及查询

每个 RPM 包都有包名和包全名，当我们操作的包没有被安装时，就使用包全名。例如，在安装、升级 RPM 包时，就要使用包全名。当我们操作的包已经被安装好时，就使用包名，因为 RPM 包安装后，会在/var/lib/rpm 目录下的数据库中记录相应的信息，系统会自动搜索该目录下的相应数据库。

rpm 命令的完整路径是/usr/bin，用于 RPM 包的安装、所属包查询、依赖性查询、包校验及卸载等管理操作。不同的操作，其命令格式不同，下面详细介绍 rpm 命令功能。

1．RPM 包安装、升级命令

rpm 命令可以用来安装或升级指定的 RPM 包。其命令格式如下：

[root@localhost~]# rpm [选项] 包全名

选项说明：

-i：安装(install)。

-v：显示详细信息(verbose)。

-h：显示进度(hash)。

-U：升级包(upgrade)。

--nodeps：不检测依赖性(no dependency)，如果找不到包的依赖关系，就可以用该选项强制安装。

例 4.2 从光盘安装 yum 软件包。

第一步，检查光盘是否已挂载：

[root@localhost~]# mount

如果光盘没有被挂载，则执行以下操作完成挂载：

首先：进行虚拟机设置，选择"使用 IOS 映像文件(M)"单选按钮，选择合适的 Linux 映像文件(如 centos-6.5-x86_64-bin-dvd1.ios)，同时选中"已连接"复选框，相当于把光盘放入光驱。

其次，建立光盘挂载点/mnt/cdrom，并挂载，同时检测是否挂载：

[root@localhost~]# mkdir /mnt/cdrom

[root@localhost~]# mount /dev/sr0 /mnt/cdrom

[root@localhost~]# mount

执行上述命令后，若显示如下信息，则说明光盘挂载成功：

……

/dev/sr0 on /mnt/cdrom type iso9660(ro)

第二步，安装 yum：

[root@localhost~]# rpm -ivh /mnt/cdrom/Packages/yum-3.2.29-40.e16.centos. noarch.rpm

yum 文件中的"noarch"表示该 yum 包可以安装到任何硬件系统。输入上述命令后按回车键开始安装，若出现如下信息，则说明安装成功：

……

package yum-3.2.29-40.e16.centos.noarch is already installed

注意：在安装过程中如出现依赖问题，则需要先安装被依赖包，如果依赖的是.so.2 库依赖文件，则通过 www.rpmfind.net 网址查找所在的 RMP 包并安装。

2．RPM 包的卸载

rpm 命令也可以用来卸载指定的 RPM 包。其命令格式如下：

[root@localhost~]# rpm [选项] 包名

选项说明：

-e：卸载(eraser)。

--nodeps：不检测依赖性(no dependency)。

卸载 RPM 包时使用的是包名，如果被卸载的包是其他包的依赖包，则不能被卸载。

3．RPM 包查询命令

rpm 命令的包查询功能用于查询指定的 RPM 包是否已被安装。

命令格式：

[root@localhost~]# rpm [选项] [{包名} {包全名}]

选项说明：

-q：查询(query)。

-a：查询所有已安装的包，不能单独使用，与 q 选项配合使用。

-i：查询软件包的详细信息，不能单独使用，与 q 选项配合使用。

-p：在当前目录下获取未安装包的相关信息，不能单独使用，与 q 选项配合使用。

-l：查询包中文件的安装位置，不能单独使用，与 q 选项配合使用。

参数说明：

包名或包全名：如果查询已安装包，就需要用包名；如果查询未安装的包，则用包全名。

例 4.3　可用如下命令查询 Linux 系统将把 setup 软件包中的文件安装在哪些目录下
(setup 软件包未安装)：

[root@localhost~]# rpm -qpl /mnt/cdrom/Packages/setup-2.8.14-20.e16-4.1.noarch.rpm

例 4.4　可用如下命令查看所有未安装的 RPM 包：

[root@localhost~]# rpm -qp /mnt/cdrom/Packages/*.rpm

例 4.5　可用如下命令在未安装的 RPM 包中查找 java 软件包：

[root@localhost~]# rpm -qp /mnt/cdrom/Packages/*.rpm | grep –i java

例 4.6　可用如下命令查看 setup 软件包是否已安装：

[root@localhost~]# rpm -qa | grep –i setup

例 4.7　可用如下命令查看 yum 软件包的包全名(yum 包已安装)：

[root@localhost~]# rpm -q yum

例 4.8　可用如下命令查看 yum 软件包的基本信息：

[root@localhost~]# rpm -qi yum　#yum 包已安装，所以用包名

例 4.9　可用如下命令查看 zip 软件包的基本信息(未安装)：

[root@localhost~]# rpm -qip /mnt/cdrom/Packages/zip-3.0-1.e16.x86_64.rpm　#zip 包未安
装，所以用包全名

例 4.8 和例 4.9 利用"i"命令选项分别查看已安装包和未安装包的基本信息，包括包
名称、版本号、Linux 发布版本、硬件平台、是否安装及安装时间等。

4．系统文件所属 RPM 包查询

rpm 命令的所属包查询功能用于查询指定系统文件属于哪个 RPM 包。

命令格式：

[root@localhost~]# rpm [选项] 系统文件名

选项说明：

-q：查询(query)。

-f：查询指定系统文件属于哪个 RPM 包，不能单独使用，与 q 选项配合使用。系统文
件名要使用绝对路径或相对路径。

例 4.10　可用如下命令查看 useradd 命令属于哪个 RPM 包：

[root@localhost~]#whereis useradd　#获得 useradd 命令的目录位置

[root@localhost~]#rpm -qf /usr/sbin/useradd　#查看所在 RPM 包

执行结果：

shadow-utils-4.1.4.2-13.e16.x86_64

5. 查询 RPM 包的依赖性

rpm 命令的包依赖性查询功能用于查询指定 RPM 包的依赖关系。

命令格式:

[root@localhost~]# rpm [选项] [{包名}{包全名}]

选项说明:

-q: 查询(query), 查询指定包(包名)是否安装, 如果已安装, 则显示对应的包全名, 否则提示指定的软件包未安装。

-R: 查询已安装的指定 RPM 包的依赖性, 不能单独使用, 与 q 选项配合使用。

-p: 查询未安装的指定 RPM 包的依赖性, 不能单独使用, 与 qR 选项配合使用。

参数说明:

包名或包全名: 如果查询已安装包, 则用包名; 如果查询未安装的包, 则用包全名。

例 4.11　可用如下命令查询已安装软件包 yum 的依赖关系:

[root@localhost~]# rpm -qR yum

例 4.12　可用如下命令查询未安装软件包 zip 的依赖关系:

[root@localhost ~]# rpm -qpR /mnt/cdrom/Packages/zip-3.0-1.el6.x86_64.rpm

6. RPM 包校验

rpm 命令的包校验功能用于判断系统文件是否被修改过, 如果软件包中的文件被修改过, 那么将显示被修改的文件和修改细节; 如果文件未被修改, 则不显示任何信息。

命令格式:

[root@localhost~]# rpm -V 已安装的包名

选项说明:

-V: 校验指定 RPM 包中的文件(verify)。

例 4.13　可用如下命令依次校验 yum 包和 httpd 包中的文件是否被修改过:

[root@localhost~]# rpm -V yum　　#校验 yum 包

因为 yum 包中的文件没有被修改, 所以不显示任何信息。

[root@localhost~]rpm -V httpd　　#校验 httpd 包

显示如下信息:

S.5....T. c /etc/httpd/conf/httpd.conf

该信息中的前 8 位 "S.5....T" 对应 8 位修改代号, 如果相应内容被修改, 则对应位显示相应的修改代号, 否则显示 "." 符号。该例中, 该文件的大小、内容、修改时间发生了变化。

修改代号的详细说明如表 4.1 所示。

表 4.1 RPM 包修改代号及其含义对照表

修改代号	说　　明
S	文件大小的修改
M	文件类型或文件权限(rwx)的修改
5	文件 MD5 校验和是否改变(可以看做是文件内容的修改)
D	设备
L	文件路径是否改变
U	文件的属主(所有者)是否改变
G	文件的属组是否改变
T	文件的修改时间是否改变

该信息中的第 10 位是标志文件类型的类型代码,文件类型代码及其含义如表 4.2 所示。此例中,文件的类型是配置文件(c)。

表 4.2 RPM 包文件类型代号及其含义对照表

文件类型代号	说　　明
c	配置文件(config file)
d	普通文件(documentation)
g	"鬼"文件(ghost file),很少见,就是该文件不应该被这个 RPM 包包含
l	授权文件(license file)
r	描述文件(read me)

7. 从 RPM 包中提取文件

当系统文件受到损坏后,可以从 RPM 包中提取对应文件来进行修复。

命令格式:

[root@localhost~]# rpm2cpio 包全名 |cpio -idv .文件绝对路径

选项说明:

rpm2cpio:将 RPM 包转换为 cpio 格式。

cpio:一个标准工具,用于创建软件档案文件或从档案文件中提取文件。

-div:命令 cpio 的命令选项,有关 cpio 命令及选项请查阅相关技术文档,这里不再详述。

注意:"."和"文件绝对路径"之间无空格!

例 4.14 假设/bin/ls 文件被损坏,请从 Linux 安装文件的映像文件的 RPM 包中抽取相应文件予以修复。

第一步,查看/bin/ls 文件所在的 RPM 包:

[root@localhost~]# rpm -qf /bin/ls #查看/bin/ls 的 RPM 包文件名

执行结果:

coreutils-8.4-31.el6.x86_64

第二步，设置/bin/ls 文件被破坏的实验环境(移动到/root/temp 目录)：

[root@localhost~]# mv /bin/ls /root/temp #　移除/bin/ls 文件

第三步，验证/bin/ls 文件的确不存在：

[root@localhost~]# dir /bin/ls　　#确认/bin/ls 文件不存在，注意 ls 命令失效

第四步，将/bin/ls 所在 RPM 软件包转换为 cpio 格式，并从中提取/bin/ls 文件到当前目录：

[root@localhost~]# rpm2cpio /mnt/cdrom/Packanges/coreutils-8.4-19.e16\

.i686.rpm | cpio -idv ./bin/ls　 #从 RPM 包中抽取/bin/ls 文件的到当前目录

第五步，将当前目录下的/bin/ls 拷贝到/bin 目录：

[root@localhost~]# cd bin

[root@localhost~]# cp ls /bin/

4.3 用 yum 命令管理 RPM 包

yum 是为了解决 RPM 命令中的依赖性问题而产生的一种在线管理工具，用 yum 命令安装 RPM 包，会自动在线监测特定 RPM 依赖关系，并自动完成安装过程。

4.3.1 yum 源简介

1．配置 IP 地址

第一步，运行下列 setup 命令：

[root@localhost~]# setup

进入图像界面窗口，选择"网络配置"，分别配置 IP 地址、子网掩码、网关、DNS 地址，然后保存退出。

第二步，执行下列命令启动网卡：

[root@localhost~]# vi/etc/sysconfig/network-scripts/ifcfg-eth0

修改 ONBOOT 的值为"yes"

第三步，运行下列命令，重启网络服务，使配置生效：

[root@localhost~]# sevice network restart

第四步，检查与互联网的连通性，如：

[root@localhost~]# ping www.baidu.com

2．网络 yum 源简介

通常，在/etc/yum.repos.d 目录下有四个 yum 源。执行如下命令可以看到这些 yum 源：

root@localhost ~]# cd /etc/yum.repos.d/

[root@localhost yum.repos.d]# ls

CentOS-Base.repo   CentOS-Debuginfo.repo   CentOS-Media.repo   CentOS-Vault.repo

上述四个 yum 源中,最常用的是网络 yum 源(CentOS-Base.repo)和本地 yum 源(CentOS-Media.repo),默认情况下网络 yum 源生效,在没有网络的环境下,使用本地 yum 源。下面以网络 yum 源为例,对 yum 源做出解释:

[root@localhost yum.repos.d]# vi CentOS-Base.repo   #显示 yum 源信息

执行结果:

[base]

name=CentOS-$releasever - Base

mirrorlist=http://mirrorlist.centos.org/?release=$releasever&arch=$basearch&repo=os

#baseurl=http://mirror.centos.org/centos/$releasever/os/$basearch/

gpgcheck=1

gpgkey=file:///etc/pki/rpm-gpg/RPM-GPG-KEY-CentOS-6

对 CentOS-Base.repo 文件解释如下:

[base]:yum 源(软件包)所在的容器名称,一定要用一对方括号括起来,可以修改为别的任意名称。

name:容器说明信息,也可以任意修改。

mirrorlist:站点镜像,它与 baseurl 有其中一个生效即可,此例中站点镜像生效。

baseurl:yum 源服务器地址,默认是官方 yum 源服务器地址,它与 mirrorlist 有其中一个可用即可,此例中,该地址被注释掉了,所以该地址无效。

enabled:容器是否生效,值为"1"表示生效,值为"0"表示无效,缺省值为"1"。

gpgcheck:数字证书是否生效,"1"表示生效,"0"表示不生效。

gpgkey:数字证书的公钥文件保存位置。

4.3.2 yum 常用命令

1. 常用查询命令

1) yum list 命令

yum list 命令用来在远程服务器上查询可用的(可安装的或可升级的)软件包。

命令格式:

[root@localhost~]# yum list [参数]

参数说明:

无参数时:在远程服务器上查询所有可用的软件包列表。

update:在远程服务器上查询所有可更新的软件包。

installed:在远程服务器上查询所有已安装的软件包。

软件包名:在远程服务器上查询所指定的软件包。

该命令在执行过程中,如果出现站点不可用的提示信息,就需要对 CentOS-Base.repo 文件进行修改,选择使用实际服务器地址还是使用镜像站点。

小知识 包名和包全名是 RPM 命令中的概念，在 yum 命令中不存在包名和包全名的概念。

例 4.15 可用如下命令查询远程服务器上所有可更新的软件包：

[root@localhost~]# yum list update

例 4.16 可用如下命令查询本机上所有已安装的软件包：

[root@localhost~]# yum list installed

2）yum search 命令

yum search 命令用来在服务器上查找与关键字相关的所有软件包。

命令格式：

[root@localhost~]# yum search 关键字

例 4.17 可用如下命令在远程服务器上查询与"zip"关键字相关的软件包信息：

[root@localhost~]# yum search zip

3）yum info 命令

yum info 命令用于在远程服务器上查询指定包的信息。

命令格式：

[root@localhost~]# yum info [参数]

参数说明：

软件包：在远程服务器上查询指定包的信息。

installed：在远程服务器上查询已安装的软件包信息。

例 4.18 可用如下命令在远程服务器上查询 shadow 包的基本信息：

[root@localhost~]# yum info shadow

2. 安装、升级、卸载命令

yum 命令可用于安装、升级、卸载软件包。

命令格式：

[root@localhoset~]# yum -y [install | update |upgrade| remove] [包名]

选项说明：

-y：在安装过程中，出现询问时，自动做出肯定回答：yes，缺省为由用户选择回答。

参数说明：

install：安装软件包。

update：升级软件包，如果缺省包名，表示升级所有的软件包，且同时升级系统软件和系统内核。升级 Linux 内核需要对 Linux 重新进行配置后才能启用，所以不建议远程升级 Linux 软件包，那样会导致无法远程登录 Linux 系统，而且有可能直接导致服务崩溃，所以一定慎用 update 参数，使用时切记指定要升级的软件包！

upgrade：只升级软件包，不升级系统软件和系统内核。

remove：卸载软件包，命令在卸载包时连同所依赖的包全部卸载，所以极有可能影响到其他命令包的正常使用，所以必须慎用 remove！

例 4.19　可用如下命令安装 C 语言编译器：

[root@localhost~]# yum -y install　gcc

小知识　Linux 软件包采用最小安装原则，最好不使用 yum 卸载命令，以免系统其他功能受到影响，甚至瘫痪。

4.3.3　yum 软件组管理命令

RPM 包是单个软件的安装包，而 yum 软件组包含若干个软件的安装包。关于软件组的操作主要有组查询(用于查询可安装的软件组)、组安装和卸载等。

1．yum 组查询命令

yum grouplist 命令用来显示所有的可用软件组列表。

命令格式：

[root@localhost~]# yum grouplist

注意：本地查询软件组时，以英文显示软件组名称，但通过远程工具查询时，有些组以中文显示软件组名称。由于软件组安装命令不识别中文，所以必须要知道对应的英文名称。

2．yum 软件组安装命令

yum groupinstall 命令用来安装指定的软件组。

命令格式：

[root@localhost~]# yum groupinstall　软件组名

3．yum 软件组卸载命令

yum groupremove 命令用来卸载指定的软件组。

命令格式：

[root@localhost~]# yum groupremove　软件组名

例 4.20　查询网络 yum 源是否有万维网服务器软件组，如果有就安装该软件组。

第一步，在本地查询是否有可用的万维网服务器：

[root@localhost yum.repos.d]# yum grouplist

得到万维网服务器的英文名称是：Web Server。

第二步，安装万维网服务器：

[root@localhost yum.repos.d]# yum groupinstall "Web Server" -y

这样就自动完成了万维网服务器的安装过程。

4.3.4　光盘 yum 源搭建

Linux 系统在默认情况下是以网络 yum 源作为默认 yum 源的，但是在网络条件不太好的环境下，从网络安装 RPM 包会浪费很多时间，甚至会因网络超时而失败。这时我们就要考虑使用光盘 yum 源，即本地 yum 源。下面详细说明光盘 yum 源的搭建方法：

第一步，设置虚拟机，将相应的光盘镜像"放入光驱"，选中"已连接"复选框，单击"确定"按钮，然后执行如下光盘挂载命令：

[root@localhost~]# mount /dev/sr0   /mnt/cdrom

第二步，使网络 yum 源无效。将/etc/yum.repos.d 目录下的 CentOS-Base.repo、CentOS-Debuginfo.repo 和 CentOS-Vault.repo 三个文件全部失效(也就是只让本地源 CentOS-Media.repo 生效)。yum 源文件中的参数"enabled"，其值为"1"时表示该 yam 源有效，其值为"0"时表示该 yum 源失效。所以可以通过将上述三个 yum 源的"enabled"值设为"0"使其失效。也可以通过改名使其失效，因为 yum 命令执行操作时，只把以".repo"为后缀名的文件作为 yum 源，所以只要修改上述三个文件的后缀名也可以使其失效(注意：任务完成后要还原文件名)。

执行如下改名操作：

[root@localhost~]# cd /etc/yum.repos.d

[root@localhost yum.repos.d]# mv CentOS-Base.repo CentOS-Base-repo.txt

[root@localhost yum.repos.d]# mv CentOS-Debuginfo.repo \

  CentOS.Debugino.repo.txt

[root@localhost yum.repos.d]# mv CentOS.Vault.repo CentOS.Vault.repo.txt

第三步，使光盘 yum 源生效。

通过 vi 命令进入 CentOS-Media.repo 文件，修改光盘地址参数"baseurl"的值为光盘实际物理地址如(file:///mnt/cdrom)，同时注释掉其他无效地址，修改参数"enabled"的值为"1"：

[root@localhost yum.repos.d] # vi CentOS.Media.repo # 编辑该文件

……

Baseurl=file:///mnt/cdrom   # 修改文件地址为本地光盘挂载地址

file:///media/cdrom/   # 注释掉无效的光盘地址

Enabled=1   # 设置光盘 yum 源有效

……

第四步，验证光盘 yum 源生效：

[root@localhost yum.repos.d]# yum list

可以看到 yum 源的标记都变成了 c6-media，说明我们使用的是本地光盘 yum 源。

在上节内容中，我们使用的是网络 yum 源，yum 源的标记是 base。通过查看网络 yum 源(CentOS-Base.repo)和光盘 yum 源(CentOS-Media.repo)的文件内容，可以看到这两个 yum 源的容器依次是"[base]"和"[c6-media]"。

小知识　任何配置文件的注释，必须顶格注释，"#"前不能有任何空格，否则会报错。

4.4　源码包管理

4.4.1　源码包与 RPM 包的区别

源码包是开源的，任何人都可以对它进行修改，也正因为这个原因，源码包的安装速度更慢，而且容易报错，对于新手来说非常难于解决安装过程中出现的错误；而 RPM 包是经过编译的，用户不能看到其源代码，虽然不利于人们优化软件包，但其安装简单，在安装过程中出现的问题也较易解决。

源码包和 RPM 包不仅在概念上有区别，在安装位置上和管理上也有区别。

RPM 包的安装位置都是由系统提前规划好的(虽然安装位置可以改变，但我们不建议修改安装目录)，RPM 包的默认安装位置如表 4.3 所示；而源码包的安装位置由用户手工指定，一般的安装位置是"/usr/local/具体软件名/"。

表 4.3　RPM 包默认安装目录表

RPM 包默认安装目录	说　　明
/etc/	配置文件安装目录
/usr/bin/	可执行命令安装目录
/usr/lib/	程序使用的函数库保存位置
/usr/share/doc/	基本的软件使用手册保存位置
/usr/share/man/	帮助文件保存位置

由于 RPM 包和源码包的安装位置不同，使得它们在管理方面也不同：RPM 软件包安装在 Linux 默认的安装目录，可以让 Linux 准确定位文件所在目录，所以可以通过服务管理命令(service)命令来管理，例如，我们启动 Apache 服务可以使用如下命令：

[root@localhost~]# /etc/rc/d/init.d/httpd start #绝对路径法

或

[root@localhost~]# service httpd start　#service 命令法

service 命令会自动到 RPM 包的默认安装目录中搜索相应的命令(如 httpd)，所以不需要用绝对地址。然而，service 并不知道源码包的安装位置(如/usr/local)，所以 service 命令不能管理源码包，要启动源码包安装的程序，必须使用绝对路径。假如，Apache 服务的源码包安装在了/usr/local/apache2/bin/，则必须用如下方法启动该服务：

[root@localhost~]#/usr/local/apache2/bin/apachectl start

注意：service 命令是 Red 系列 Linux 专用命令，其他系列 Linux 不一定能用！

小知识 /usr 目录不是用户目录，而是 Linux 的系统资源目录(Unix System Resource)！

4.4.2 源码包安装过程

如果在向外提供服务时，对程序执行效率有更高要求，就建议采用源码包安装，因为源码包在安装时已经编译，执行率更高。

1．源码包的安装过程

第一步，安装 C 语言编译器。用 rpm –q gcc 命令检查 C 语言编译器 gcc 是否被安装，如果没有安装，则可用 yum -y install gcc 命令安装。

第二步，下载源码包。以安装 Apache 为例，在 http://mirror.bit.edu.cn/apache/ httpd 网址下载源码包。

第三步，把下载好的 Apache 源码包 httpd-2.2.9.tar.gz 利用 winSCP 工具复制到 Linux 系统下。Linux 系统一般把源码包保存在/usr/src 目录。

第四步，对 http-2.2.9.tar.gz 源码包解压缩。执行下列命令：

[root@localhost~]# tar-zxvf httpd-2.2.9.tar.gz

解压缩后，/root 目录下就会出现一个解压缩目录/httpd-2.2.9。

第五步，进入解压缩目录(不能省略)。执行下列命令：

[root@localhost~]# cd   httpd-2.2.9

[root@localhost httpd-2.2.9]# ls

可以看到有两个大写的文件名 INSTALL(安装说明)和 README(使用说明)，用户可以查看这两个文件的相关帮助信息。

第六步，软件配置与检测。定义需要的功能选项，检测系统环境是否符合安装要求，把定义好的功能选项和检测系统环境的信息都写入 Makfile 文件，用于后续编译。

软件配置与检测命令 configure 有很多参数，这里我们只用-prefix 参数指定 Apache 的安装目录/usr/local/apache2，其中的"apache2"是用户自定义目录。

[root@localhost httpd-2.2.9]# ./configure --prefix=/usr/local/apache2

第七步，编译。调用 make 命令编译源码包：

[root@localhost httpd-2.2.9]# make

这时 Makefile 文件就生成了，即把定义好的功能选项和检测系统环境的信息均写入了 Makfile 文件。

注意：make 命令和 configure 命令并没有真正向安装目录写入数据，也就是说/usr/local 目录下并没有 apache2 目录，如果这时安装过程报错，无法安装下去，则用 make clean 命令即可彻底清除残余文件。

第八步，编译安装。向/usr/local/apache2 目录写入文件：

[root@localhost httpd-2.2.9]# make install

这样源码包就安装结束了。

注意：在安装过程中可能会出现 error、warning 或 no 等之类的报错，不过，只要安装过程没有停止，就可以不理睬，但是如果安装过程停下来了，则需要处理安装错误

2. 源码包的卸载

源码包的卸载不需要命令，直接删除安装目录即可，而且不会留下任何残留文件。

例 4.21 可用如下命令删除已安装的 apache 程序：

[root@localhost~]# rm -fr /usr/local/apache2

4.5 脚本安装包安装过程

Linux 系统中的软件包主要有 RPM 安装包和源代码包两种类型，而脚本安装包不是一种独立的软件包类型，它是人们基于源代码包编写的自动安装脚本，所以脚本安装包的安装过程非常简单，只要执行安装脚本、进行简单的参数定义，就可以自动完成安装过程，类似于 Windows 系统下的软件安装。

Webmin 是一个基于 Web 的 Linux 系统管理界面，是 Linux 的图形化界面管理工具，对于不熟悉 Linux 系统命令的初学者，可以利用 Webmin 方便地对 Linux 系统进行基本管理维护。Webmin 工具可以从 http://sourceforge.net/projects/webadmin/files /webmin/ 下载。下面以 Webmin 的安装过程为例，说明脚本安装包的安装过程。

第一步，下载 Webmin 安装包，并用 winscp 工具拷贝到 Linux 系统的/usr/src 目录下。

第二步，解压 Webmin 安装包：

[root@localhost src]# tar -zxvf webmin-1.700.tar.gz

第三步，进入解压缩目录/webmin-1.700：

[root@localhost src]# cd /webmin-1.700

第四步，执行 setup.sh 脚本程序，进行安装：

[root@localhost webmin-1.700]# ./setup.sh   #使用绝对路径

注意：Webmin 的安装需要 perl 支持，需要先使用 yum -y install perl 命令安装 perl 程序。安装结束后，我们就可以利用 Webmin 来对 Linux 系统进行管理和维护了。

习题与上机训练

4.1 Linux 系统的软件包主要包含哪些类型？各有什么特征？

4.2 如何识别一个依赖包是库依赖包？如何查看一个库依赖包的 RPM 包？

4.3 从光盘安装 RPM 包需要哪几个步骤？试从光盘安装 httpd 软件包(httpd-2.2.15 -29.e16.centos.x86_64.rpm)。

4.4 试查询 Linux 系统计划将 httpd 软件包中的文件安装到哪些目录下？

4.5 在未安装的 RPM 包中查找 kernel 软件包。

4.6 查看 yum 软件包是否已安装。

4.7 进行 RPM 包校验有什么意义？

4.8   解释 yum 源 CentOS-Base.repo 文件内容所表达的意思。

4.9   执行合适的 yum 查询命令，查看本机上安装了哪些软件包。

4.10 Linux 中搭建光盘 yum 源需要哪几个步骤？试搭建光盘 yum 源。

4.11 将上题中的光盘 yum 源改回到默认的网络 yum 源。

4.12 Linux 提前规划好了 RPM 包的安装目录，RPM 包中各类文件的默认安装目录是什么？

4.13 以安装 Java 包为例，说明源码包安装过程包括哪些主要步骤。

4.14 举例说明脚本安装包的安装过程。

第 5 章　用户及用户组管理

本章学习目标

　　1. 熟悉用户信息文件/etc/passwd、影子文件/etc/shadow、组信息文件\etc\group 和组密码文件/etc/gshadow 等用户配置文件的基本内容。

　　2. 熟练掌握用户管理命令的基本使用方法。

　　3. 熟练掌握 useradd 和 passwd 命令对系统其他文件的影响。

　　4. 熟悉用户配置文件/etc/default/useradd 和/etc/login.defs 中参数的含义。

　　5. 熟练掌握用户组管理命令的基本用法。

5.1 用户配置文件

Linux 中所有用户的信息都会被记录到相应的配置文件中，系统通过对文件内容的查看、配置来实现对用户或用户组的管理，所以熟悉用户配置文件的结构及主要字段的含义非常有助于对用户和用户组的管理。

5.1.1 用户信息文件/etc/passwd

/etc/passwd 文件记录了系统中所有用户的信息，通过编辑该文件可以对用户进行管理。下面我们介绍/etc/passwd 文件的文件结构和字段含义。

执行如下命令，查看文件内容：

[root@localhost /]# cat /etc/passwd -n

执行结果如下：

```
 1  root:x:0:0:root:/root:/bin/bash
 2  bin:x:1:1:bin:/bin:/sbin/nologin
 3  daemon:x:2:2:daemon:/sbin:/sbin/nologin
 4  adm:x:3:4:adm:/var/adm:/sbin/nologin
 5  lp:x:4:7:lp:/var/spool/lpd:/sbin/nologin
 6  sync:x:5:0:sync:/sbin:/bin/sync
 7  shutdown:x:6:0:shutdown:/sbin:/sbin/shutdown
 8  halt:x:7:0:halt:/sbin:/sbin/halt
 9  mail:x:8:12:mail:/var/spool/mail:/sbin/nologin
10  uucp:x:10:14:uucp:/var/spool/uucp:/sbin/nologin
11  operator:x:11:0:operator:/root:/sbin/nologin
12  games:x:12:100:games:/usr/games:/sbin/nologin
13  gopher:x:13:30:gopher:/var/gopher:/sbin/nologin
14  ftp:x:14:50:FTP User:/var/ftp:/sbin/nologin
15  nobody:x:99:99:Nobody:/:/sbin/nologin
16  vcsa:x:69:69:virtual console memory owner:/dev:/sbin/nologin
17  saslauth:x:499:76:"Saslauthd user":/var/empty/saslauth:/sbin/nologin
18  postfix:x:89:89::/var/spool/postfix:/sbin/nologin
19  sshd:x:74:74:Privilege-separated SSH:/var/empty/sshd:/sbin/nologin
20  yh:x:500:500::/home/yh:/bin/bash
```

以上是当前 Linux 系统中/etc/passwd 文件的全部内容，每一行记录一个用户条目，可以看出当前 Linux 共有 20 个条目，即 20 个用户。每个条目由 7 个字段(属性)来描述，字段之间用 "：" 分隔。下面以第一行为例来介绍各个字段的含义。

第 1 个字段：用户名称，第一行记录的是 root 管理员用户信息。

第 2 个字段：密码标志。一般都表示为"x"，表示该用户已经设置了密码，"x"不能省略，因为省略后，系统会认为该用户没有密码，这样用户就只能本地登录，而不能远程登录。这里不会显示用户密码，而是保存在/etc/shadow 文件中。

早期的 Linux 版本中，用户密码就放在第 2 个字段中，但不是明文，而是密文。无论如何，由于每个用户都对/ect/passwd 文件有读权限，所以每个用户都能看到所有用户的密文密码，感兴趣的用户就有可能对其他用户的密文密码实施暴力破解。为了安全起见，就把用户加密后的密文存放在了/etc/shadow 目录下，该文件只有 root 用户具有操作权限，其他用户没有任何权限。

第 3 个字段：UID(用户 ID)。0 表示超级用户，1～499 表示系统用户(伪用户)，500～65 535 表示普通用户。第一行的 UID 值是"0"，说明 root 是超级用户。

小知识　判断某个用户是不是超级用户，需通过 UID 来判断。也就是说，如果某个用户的 UID 是"0"，那他就是超级用户，而并不是说 root 就一定是超级用户。

例 5.1　把普通用户 yh 更改为超级用户。

首先，执行如下命令，进入文件/etc/passwd 的编辑模式：

[root@localhost /]#vi /etc/passwd

然后，把用户 yh 的 UID 修改为"0"，然后保存退出即可。

第 4 个字段：GID(用户初始组 ID)。创建新用户时，系统默认将其加入与用户名相同的用户组，这个组就是该用户的初始组。一个用户只能有一个初始组。为了方便管理，一般不建议修改用户的初始组。

对特定用户而言，除了初始组外，还有一个组叫做附加组。一个用户只能有一个初始组，但可以同时加入到多个附加组并拥有相应组的权限。

第 5 个字段：用户说明(系统管理员为了方便管理，而为用户做的备注信息，可以省略)。

第 6 个字段：家目录(用户的初始登录位置，系统管理员在添加新用户时就自动在/home 目录下添加一个和用户名相同的目录，这个目录就是用户的家目录。如用户 root 的家目录是/root/，在第 20 行中，普通用户 yh 的家目录是/home/yh/)。

第 7 个字段：登录之后的 Shell。Shell 就是 Linux 的命令解释器。超级用户和普通用户的 Shell 通常都是/bin/bash，系统用户的 Shell 通常是/sbin/nologin。注意，登录 shell 为/sbin/nologin 的用户是不能登录系统的，所以一般不要修改用户的登录 Shell，一旦修改错误，就会导致该用户不能登录。

例 5.2　通过修改文件/etc/passwd，禁止用户 yh 登录。

首先执行如下命令，进入/etc/passwd 文件的编辑模式：

[root@localhost /]# vi /etc/passwd

将用户 yh 的 Shell 改为/sbin/nologin 后保存退出即可。这时执行下面的操作，切换到 yh 用户时就会报错：

[root@localhost /]# su yh

提示错误信息如下：

This account is currently not available.

以上是对/etc/passwd 文件结构及其字段的简要介绍，可使用[root@localhost~]# man 5 passwd 命令查阅更多的帮助信息。

5.1.2 影子文件/etc/shadow

所有用户的密码以密文的方式记录在/etc/shadow 文件中，该文件的权限是"000"，除了超级用户外，任何用户不可读、不可写、不可执行。下面介绍/etc/shadow 文件结构和字段含义。执行如下命令，查看文件内容：

[root@localhost /]# cat /etc/shadow -n

执行结果：

```
1  root:$6$NRPBdS3442ktbtLp$cW/yDkgwcVpccxJ.VRd2CV43sybdsfCGzP5ZP6VH
   xx2r lBEWscLOMbblytA5Joe4PM6zwq0S6vR8GRuX02F1v1:17722:0:99999:7:::
2  bin:*:15980:0:99999:7:::
3  daemon:*:15980:0:99999:7:::
4  adm:*:15980:0:99999:7:::
5  lp:*:15980:0:99999:7:::
6  sync:*:15980:0:99999:7:::
7  shutdown:*:15980:0:99999:7:::
8  halt:*:15980:0:99999:7:::
9  mail:*:15980:0:99999:7:::
10  uucp:*:15980:0:99999:7:::
11  operator:*:15980:0:99999:7:::
12  games:*:15980:0:99999:7:::
13  gopher:*:15980:0:99999:7:::
14  ftp:*:15980:0:99999:7:::
15  nobody:*:15980:0:99999:7:::
16  vcsa:!!:17722::::::
17  saslauth:!!:17722::::::
18  postfix:!!:17722::::::
19  sshd:!!:17722::::::
20  yh:$6$J0Nsmwog$Pqm3LG6H7XggKvn8eZmeMa3l/OVe3Ffjq7qKROdj4VDMw
    9IAX2 E4jwb HBB25I5eHFzY67Eym572AJiZFAZLkl0:17724:0:99999:7:::
21  yh1:!!:17724:0:99999:7:::
```

以上是当前 Linux 系统中/etc/shadow 文件的全部内容，该文件与/etc/passwd 文件相对应，共有21 个条目，每一行记录一条用户信息，每条用户信息由9 个字段(属性)来描述，字段之间用"："分隔。下面详细介绍各字段的含义。

第 1 个字段：用户名，与/etc/passwd 文件的第一个字段含义相同。

第 2 个字段：经过加密的用户密码(使用 SHA512 散列加密算法)，伪用户的密码字段显示的是“*”或“!!”，表示不能登录系统，这也是前述伪用户不能登录系统的原因。

小知识　如果要阻止某个用户登录系统，可以将其密码字段的值修改为“*”或“!!”或以“*”或“!!”开头的字符串(执行 vim/etc/shadow 命令，修改相关条目，然后保存退出即可)。

注意：把密码串修改为“*”或“!!”或以“*”或“!!”开头的字符串后，虽然不能再终端登录，但可以用 su 命令将当前 root 用户切换为该用户。

第 3 个字段：密码的最后一次修改日期(Linux 系统用时间戳来表示)。注意，该值为 1970 年 1 月 1 日以后的第 n 天，表示在该天以后的第 n 天修改的密码。

第 4 个字段：两次密码修改的最小时间间隔，默认值为 0，表示在任何时候都可以修改，若为非零数，则必须在规定天数之后才能修改密码，例如：若该值为 5，则用户在前次修改密码的 5 天之后才能修改密码。

第 5 个字段：两次密码修改的最大时间间隔，过期不修改就会失效，默认值是 99 999 天。如果要强制用户经常修改密码，可以将密码的有效期设置为较小的值，这样密码即将过期时，系统会提示用户修改密码。

第 6 个字段：密码到期前的警告天数，与第五个字段配合使用。例如：假如某用户的第 5 个字段值为 90，第 6 个字段值为 10，则系统会在第 80 天开始提醒用户修改密码，而且每次登录都会提醒。

第 7 个字段：密码过期后的宽限天数，与第 5 个字段配合使用。如果该值为空或 0，表示密码到期后，立即停止用户登录；如果该值为-1，不管第 5 个字段的值是多少，表示密码永不过期；如果为其他数字，表示密码到期后还可以沿用的天数。

第 8 个字段：账号失效时间(用基于 1970 年 1 月 1 日的时间戳表示)，该时间戳无视前面的任何字段的值，只要失效时间到，密码立即失效。

小知识　日期和时间转换方法：

• 把时间转换为日期：如 1970 年 1 月 1 日后的 18 000 天是哪一天：可以通过执行如下命令获得对应的日期：

date -d "1970-01-01 18000 days"

• 把日期转换为时间戳。如把 2018 年 4 月 13 日转换为时间戳是多少(1 天=86 400 秒)，可以用如下命令获得：

echo $(($(date --date="2018-03-13" +%s)/86400+1))

注意：“+%s”前必须有空格。

第 9 个字段：保留，用作其他用处。

以上就是对/etc/shadow 文件内容的有关介绍，该文件保存了系统中全部用户的密码，在系统运维中要谨慎对待。

例 5.3 假设某用户的密码修改时间为 17700，可用如下命令将其转换为对应的日期：

[root@localhost home]# date -d "1970-01-01 17700 days"

执行结果：

2018 年 06 月 18 日 星期一 00:00:00 CST

可知，时间戳 17700 对应的日期是 2018 年 06 月 18 日、星期一。

例 5.4 要把 yh 用户的密码有效期修改为 2019-01-01，可用如下命令将其转换为对应的时间戳：

[root@localhost home]# echo $(($(date --date="2019-01-01" +%s)/86400+1))

执行结果：

17897

可知，2019-01-01 对应的时间戳为 17897。

5.1.3　组信息文件/etc/group 和组密码文件/etc/gshadow

1. 组信息文件/etc/group

类似于/etc/passwd 文件记录了当前 Linux 系统的所有用户信息，/etc/group 文件也记录了当前 Linux 系统的所有用户组的信息，系统每新增一个用户，同时就创建一个与该用户同名的用户组，作为该用户的初始组，并把新增的用户组记录到该文件中。下面介绍/etc/group 文件结构及其字段(属性)含义。

执行如下命令，查看/etc/group 文件内容：

[root@localhost /]# cat -n /etc/group

执行结果：

```
 1   root:x:0:
 2   bin:x:1:bin,daemon
 3   daemon:x:2:bin,daemon
 4   sys:x:3:bin,adm
 5   adm:x:4:adm,daemon
 6   tty:x:5:
 7   disk:x:6:
 8   lp:x:7:daemon
 9   mem:x:8:
10   kmem:x:9:
11   wheel:x:10:
12   mail:x:12:mail,postfix
13   uucp:x:14:
14   man:x:15:
15   games:x:20:
```

```
16    gopher:x:30:
17    video:x:39:
18    dip:x:40:
19    ftp:x:50:
20    lock:x:54:
21    audio:x:63:
22    nobody:x:99:
23    users:x:100:
24    utmp:x:22:
25    utempter:x:35:
26    floppy:x:19:
27    vcsa:x:69:
28    cdrom:x:11:
29    tape:x:33:
30    dialout:x:18:
31    saslauth:x:76:
32    postdrop:x:90:
33    postfix:x:89:
34    sshd:x:74:
35    yh:x:500:
36    yh1:x:501:
```

可知，当前 Linux 系统共有 36 个用户组，每个组由 4 个字段来描述，各字段的含义如下：

第 1 个字段：组名，类似于/etc/passwd 中的用户名。

第 2 个字段：组密码标志，类似用户密码标志方法，但一般都不设置组密码。

第 3 个字段：组号(GID)，类似用户 ID(UID)的分类方法，如 GID 为 0，表示 root 用户组，等等。

第 4 个字段：组中附加用户。如在第三个用户组中有两个附加用户，分别是 bin 和 daemon。

2. 组密码文件/etc/gshadow

该文件是用来记录系统中各用户组的密码的，但是一般情况下不会给用户组设置密码，所以该文件在实际中用处很少，这里不再多讲。该文件的每个条目记录一个用户组密码，由 4 个字段组成，各字段含义如下所述。

第 1 个字段：组名。

第 2 个字段：组密码。

第 3 个字段：组管理员用户名。

第 4 个字段：组中附加用户。

5.2 用户其他文件

5.2.1 用户家目录

用户家目录就是用户登录的初始位置，用户在自己的家目录下默认具有读、写和执行所有权限。普通用户和超级用户的家目录不同，普通用户的家目录是/home/用户名/，该目录在添加该用户的时候自动建立，该用户就是该目录的所有者，该目录的所属组就是与用户同名的用户组，即该用户的初始组，用户对该目录的操作权限是 700。

例 5.5 可用如下命令将当前用户切换为 yh 普通用户，然后查看该用户家目录的相关信息：

[root@localhost ~]# su yh

[yh@localhost root]$ cd /home

[yh@localhost home]$ ls -ld yh

执行结果：

drwx------. 2 yh yh 4096 7 月 13 07:11 yh

可以看出，用户 yh 对家目录 yh 具有 rwx 权限，用户组和其他用户对该目录没有任何权限，该目录所属的用户组是 yh，即用户 yh 的初始组。

小知识 su 是用户切换(switch user)命令，可以在登录状态下，在不同用户之间切换。

超级用户的家目录是/root/，该目录的所有者和所属用户组分别是与其同名的 root 用户和 root 用户组。该目录的权限是 550，但是，该权限对 root 没有任何作用，不管文件权限设置为何值，对超级用户 root 没有任何作用，超级用户永远具有所有权限。

例 5.6 可用如下命令以长格式方式显示超级用户 root 家目录的相关信息：

[root@localhost ~]# cd ..

[root@localhost /]# ls -ld /root

执行结果：

dr-xr-x---. 2 root root 4096 7 月 12 10:19 /root

可知，超级用户家目录/root 的权限是 550，所有者是 root 用户，所属组是 root 用户组。

例 5.7 把普通用户 yh 更改为为超级用户后，其家目录有什么变化？

由前所述，只要把普通用户 yh 的用户 ID 改为 0，即可使其变成超级用户(通过 vim /etc/passwd 命令修改 UID)。

完成上述修改后，我们执行如下命令观察发生的变化：

[root@localhost home]# su yh

[root@localhost home]# ls -ld yh   #虽然切换成了 yh 用户，但显示的是 root 用户

执行结果：

drwx------. 2 500 yh 4096 7 月　　13 07:11 yh　#第三个字段不再显示所有者的用户名,而
　　　　　　　　　　　　　　　　　　　　是显示的用户 yh 的 UID

[root@localhost home]# su root

[root@localhost home]# su yh　　# yh 用户和 root 用户之间相互切换时,不再要求输入
　　　　　　　　　　　　　　　　相应密码

[root@localhost home]# who　　# 虽然切换成了 yh 用户,但查看当前登录用户时,显
　　　　　　　　　　　　　　　示的都是 root 用户登录

执行结果:

root　　　　tty1　　　　　　　2018-07-10 10:06

root　　　　pts/0　　　　　　 2018-07-10 10:32 (192.168.250.2)

再以 yh 用户身份远程登录系统:

[root@localhost ~]# pwd　# 同样发现命令提示符是超级用户命令提示符 "#",而不是
　　　　　　　　　　　　　普通用户命令提示符 "$"

执行结果:

/home/yh　　　　#yh 用户的家目录依然是/home/yh

可见,将普通用户 yh 的 UID 修改为超级用户的 UID 后,只是将其的权限修改为了超级用户 root 的权限,其家目录没变,仍然是/home/yh。

5.2.2　用户的邮箱

每个用户都有一个邮箱,在创建用户时自动创建,该邮箱只是用户的客户端,要转发邮件,需要借助邮件服务器。用户邮箱通常为/var/spool/mail/用户名(注意:这是邮箱文件,而不是目录)。

例 5.8　当前系统中有哪些用户邮箱?这些邮箱文件的所属组是什么?

执行如下命令显示邮箱列表:

[root@localhost /]# ls -l /var/spool/mail/

执行结果:

-rw--------. 1 root　　mail 601 7 月　　　13 23:44 root

-rw-rw----. 1 yh　　　mail 595 7 月　　　13 23:30 yh

-rw-rw----. 1 yh1　　 mail　0　7 月　　　12 22:42 yh1

可见,当前系统中有 root、yh 和 yh1 三个用户邮箱,它们都属于普通文件类型,它们的所属组都是 mail,其中 root 用户和 yh 用户邮箱中有邮件(邮箱大小不为 0),用 mail 命令可以查看自己邮箱中的邮件。

5.2.3　用户模板目录

保存用户模板文档的目录为/etc/skel,其中保存了.bash_logout、.bash_profile、.bashrc 等文档模板。当创建新用户时,自动从/etc/skel 目录中拷贝该目录下所有的文档模板到用户

的家目录。

小知识 如果用户有特殊需求，需要在创建用户时自动添加特定的文档模板，可以先在/etc/skel 目录下创建相应的文件模板，那么在新增用户时就会自动将该文件模板复制到新用户的家目录下。

例 5.9 可用如下命令查看 yh 用户家目录下的所有文档模板：

[root@localhost skel]# ls -la /home/yh/ *

执行结果：

```
-rw-------. 1 yh     yh        3 7 月   13 07:11 /home/yh/.bash_history
-rw-r--r--. 1 yh     yh       18 7 月   18 2013 /home/yh/.bash_logout
-rw-r--r--. 1 yh     yh      176 7 月   18 2013 /home/yh/.bash_profile
-rw-r--r--. 1 yh     yh      124 7 月   18 2013 /home/yh/.bashrc
```

可见，用户 yh 家目录下有 4 个文件模板。

5.3 用户管理命令

5.3.1 创建新用户命令 useradd 和设置用户密码命令 passwd

这两条命令在第 3 章中已进行了简单介绍，为了充分理解 Linux 中的用户管理机制，这里做进一步详细说明。

1. 创建新用户命令 useradd

useradd 命令的完整目录是/usr/sbin/，只有超级用户才有权限执行该命令，其功能是新增一个用户。

命令格式：

[root@localhost~]# useradd [选项] 用户名

选项说明：

-u：手工指定用户的 UID，默认是 500～65 535 之间的数。

-d：手工指定用户的家目录，默认家目录是/home/用户名/。

-c：手工指定用户的说明信息。

-g：手工指定用户的初始组，默认初始组是创建该用户时自动创建的与用户名同名的用户组。

-G：手工指定用户的附加组。

-s：手工指定用户的登录 shell，默认是/bin/bash。

在实际创建新用户的过程中，我们一般不使用这些选项，而是使用系统缺省设置。

2．设置用户密码命令 passwd

passwd 命令的完整路径是/usr/bin，任何用户都可以使用该命令，普通用户只能修改自己的密码，而超级用户可以修改所有用户的密码，设置密码要符合密码规则，但 root 用户具有最高权限，可以不受密码规则制约，但普通用户设置密码必须遵守密码规则，否则不能成功设置密码。新增用户后必须要为其设置密码，否则该用户不能登录系统。

命令格式：

[root@localhost~]# passwd [选项] 用户名

选项说明：

无选项：设置用户密码。

-d：删除用户密码，只有超级用户才能使用。

-S：查询用户密码的密码状态，只有超级用户才能使用。

-l：暂时锁定用户，只有超级用户才能使用。

-u：解锁用户，只有超级用户才能使用。

--stdin：可以接收管道输出作为用户密码，一般用来批量修改用户密码。

例 5.10　可用如下命令创建新用户 yhao 并为其设置密码：

[root@localhost home]# useradd yhao

[root@localhost home]# passwd yhao

接下来系统会提示用户为 yhao 输入新密码并重新输入以确认，如果密码过于简单，不遵守密码规则，会向用户提示密码过于简单等消息，但由于是 root 用户执行修改密码操作，所以可以强制修改。

例 5.11　下列命令演示了将当前登录用户切换到 yhao 后的密码修改过程：

[root@localhost home]# su yhao　　#切换到 yhao 用户

[yhao@localhost home]$ passwd yhao

passwd：只有根用户才能指定用户名称。#系统提示：错误命令格式

[yhao@localhost home]$ passwd

接下来是交互式设置密码的过程：

更改用户 yhao 的密码。

为 yhao 更改 STRESS 密码。

(当前)UNIX 密码：

新的密码：

无效的密码：与旧密码过于相似

新的密码：

无效的密码：它基于字典单词

新的密码：

无效的密码：过于简单化/系统化

passwd：已经超出服务重试的最多次数

最后，由于用户没有严格遵守密码规则，多次重复超过服务器设置的最多重试次数，

所以密码设置失败。所以普通用户设置密码要严格遵守密码规则。

小知识 普通用户修改密码和 root 修改密码格式不同，只要执行"[root@localhost~]# passwd"(注意：passwd 后不跟任何参数)命令，然后按提示分别输入旧密码、新密码，重新输入密码即可。

例 5.12 可用如下命令显示用户 yhao 的密码信息：

[yhao@localhost home]$ su root   #切换到 root 用户，只有 root 用户才能执行该命令

[root@localhost home]# passwd -S yhao

执行结果：

yhao PS 2018-07-14 0 99999 7 -1 (密码已设置，使用 SHA512 加密。)

本例中，显示结果由 7 个字段来描述，并且最后括号中做了进一步的说明。第 1 个字段用来指定用户名，第 2 个字段用来显示密码状态("PS"表示已设置密码，"LK"表示密码锁定，"NP"表示无密码)，第 3 个字段用来显示上次修改密码的日期，第 4 个字段用来显示两次密码修改的最小时间间隔，第 5 个字段用来显示密码有效期，第 6 个字段表示密码到期前的警告天数，第 7 个字段表示密码失效时间。

例 5.13 可用如下命令锁定用户 yhao：

[root@localhost home]# passwd -l yhao   #锁定用户

执行结果：

锁定用户 yhao 的密码。

passwd：操作成功

[root@localhost home]# passwd -S yhao   #显示密码状态

执行结果：

yhao LK 2018-07-14 0 99999 7 -1 (密码已被锁定。)

其中，第二个字段值为"LK"，说明密码已被锁定。执行如下命令，即可查看密码密文：

[root@localhost home]# grep yhao /etc/shadow

执行结果：

yhao:!!6oj6m82Sc$PmyUXnJ69pJT1QudCFOgllNv/8JCuK3UfitYr8d2fFdwHaJBW/nEv KAe9wQMdMBqYPpS1zn7zIW37wki5yb9O/:17726:0:99999:7:::

可见，锁定 yhao 用户实质上就是在 shadow 文件中，将用户名为 yhao 的密文密码前添加了"!!"，所以也可以用 vim 编辑器来修改 /etc/shadow 文件的相应用户的密文密码，来实现用户锁定或解锁。

例 5.14 可用如下命令解锁用户 yhao：

[root@localhost home]# passwd -u yhao   #解锁 yhao

执行结果：

解锁用户 yhao 的密码。

passwd：操作成功

[root@localhost home]# passwd -S yhao   #显示密码状态

执行结果：

yhao PS 2018-07-14 0 99999 7 -1 (密码已设置，使用 SHA512 加密。)

执行如下命令：

[root@localhost home]# grep yhao /etc/shadow

执行结果：

yhao:6oj6m82Sc$PmyUXnJ69pJT1QudCFOgllNv/8JCuK3UfitYr8d2fFdwHaJBW/nEvK
Ae9wQMdMBqYPpS1zn7zIW37wki5yb9O/:17726:0:99999:7:::

可以看出密文前的"!!"消失了。

例 5.15　可用如下命令删除用户 yhao 的密码：

[root@localhost home]# passwd -d yhao　　#删除密码

执行结果：

清除用户的密码 yhao。

passwd：操作成功

[root@localhost home]# passwd -S yhao　　#显示密码状态

执行结果：

yhao NP 2018-07-14 0 99999 7 -1 (密码为空。)

第 2 个字段值为"NP"，表示密码为空。

执行如下命令：

[root@localhost home]# grep yhao /etc/shadow

执行结果：

yhao::17726:0:99999:7:::

可以看出影子文件/etc/shadow 的密文位为空，说明密码被清空了。

例 5.16　某信息服务提供商要定期对服务器的 root 密码进行修改，但是服务器数量庞大，手工修改需要浪费很多时间和精力。请设计一条命令，将这条命令作为每台服务器的定时任务，以自动完成服务器密码定时修改任务。

passwd 的命令选项"--stdin"(注意：是两个"-")，可以接收管道输出，所以利用管道命令可以设计这样一条命令："echo 新密码 | passwd root --stdin"，然后把该命令写入 shell 程序文件，让服务器定期执行该程序即可。该命令也可以交互执行，例如：

[root@localhost home]# echo 123456 |passwd --stdin root

执行结果：

更改用户 root 的密码。

passwd：所有的身份验证令牌已经成功更新。

这样就把 root 的密码修改为"123456"了。

3. 用户配置文件/etc/default/useradd 和/etc/login.edfs

在创建新用户的同时，系统会自动执行以下操作：

(1) 在/etc/passwd 文件中新增一个条目记录新增的用户信息(修改用户密码也会影响该文件)；

(2) 在/etc/shadow 文件中新增一个条目记录新增用户的密码信息(修改用户密码也会影响该文件);

(3) 同时创建与用户同名的用户组,作为该用户的初始组,并在/etc/group 文件中新增一个条目来记录该组的信息;

(4) 在/etc/gshadow 文件中新增一个条目,记录新建组(初始组)的密码信息;

(5) 自动创建用户家目录/home/用户名;

(6) 将/etc/skel 目录下的模板文档自动复制到用户家目录;

(7) 自动建立与用户同名的用户邮箱/var/spool/mail/用户名(如果启用);

系统在执行上述 7 个操作时,需要一些默认设置作为参数值,这些默认值记录在/etc/default/useradd 文件和/etc/login.edfs 文件中,下面了解/etc/defalul/useradd 文件和/etc/login.edfs 的相关内容和参数含义。

执行如下命令,查看/etc/default/useradd 文件的内容:

[root@localhost skel]# cat /etc/default/useradd

执行结果:

GROUP=100

HOME=/home

INACTIVE=-1

EXPIRE=

SHELL=/bin/bash

SKEL=/etc/skel

CREATE_MAIL_SPOOL=yes

可以使用 vi 命令将该文件中相应参数的缺省值修改为合适的值。各参数的默认值及含义如表 5.1 所示。

表 5.1 /etc/default/useradd 文件各参数默认值及含义

参　　数	默认值	含　　义
GROUP	100	用户默认组,GID 为 100 的组是 users 用户组,由系统自动生成,只有这个组存在时才能执行改名操作。如果把 users 组删除,在执行 useradd 命令时就会发出类似"users:x:100:"不存在的错误提示。如果把该值改为其他用户组的 UID,也是可以的,但必须保证该用户组是存在的
HOME	/home	普通用户的家目录位置,新建用户时,由此获得用户的默认家目录
INACTIVE	-1	密码过期宽限天数(与影子文件/etc/shadow 中的第 7 个字段相对应),"-1"表示密码永不过期
EXPIRE		密码失效时间(与影子文件/etc/shadow 中的第 8 个字段相对应),缺省值为不启用该设置
SHELL	/bin/bash	默认 shell(与文件/etc/passwd 中的第 7 个字段相对应)
SKEL	/etc/skel	用户模板文件存放目录,新建用户时,从这里复制模板文件到用户家目录
CREATE_MAKL_SPOOL	yes	是否在创建用户的同时为用户创建邮箱

执行如下命令，查看/etc/login.edfs 文件内容：

[root@localhost home]# grep ^[^#] /etc/login.defs

执行结果(正则表达式 "^[^#]"，过滤掉了注释行)：

MAIL_DIR	/var/spool/mail
PASS_MAX_DAYS	99999
PASS_MIN_DAYS	0
PASS_MIN_LEN	5
PASS_WARN_AGE	7
UID_MIN	500
UID_MAX	60000
GID_MIN	500
GID_MAX	60000
CREATE_HOME	yes
UMASK	077
USERGROUPS_ENAB	yes
ENCRYPT_METHOD	SHA512

同样可以使用 vi 命令将该文件中相应参数的缺省值修改为合适的值。各参数的默认值及含义如表 5.2 所示。

表 5.2　/etc/login.defs 文件各参数默认值及含义

参　数	默认值	说　　明
MAIL_DIR	/var/spool/mail	创建新用户的同时为其创建的邮箱的位置
PASS_MAX_DAYS	99999	密码有效期(与影子文件/etc/shadow 中的第 5 个字段相对应)
PASS_MIN_DAYS	0	密码修改间隔(与影子文件/etc/shadow 中的第 4 个字段相对应)
PASS_MIN_Len	5	密码最小 5 位(注意现在按 PAM 规则执行 8 位密码)
PASS_WARN_AGE	7	密码到期警告(与影子文件/etc/shadow 中的第 6 个字段相对应)
UID_MIN	500	普通用户最小 ID，新建用户时使用
UID_MAX	60000	普通用户最大 ID，新建用户时使用
GID_MIN	500	普通用户组最小 ID
GID_MAX	60000	普通用户组最大 ID
GREATE_HOME	YES	是否创建用户家目录
UMASK	077	默认用户权限掩码
USERGROUPS_ENAB	yes	是否使用 MD5 加密
ENCRYPT_METHOD	SHA512	加密算法为 SHA512，为用户设置密码时使用，按该算法加密后放入/etc/shadow 文件中

可见，可以通过修改/etc/default/useradd 和/etc/login.defs 两个用户配置文件，可以影响 useradd 和 passwd 两个命令的执行结果，进而影响到/etc/passwd、/etc/shadow、/etc/group、/etc/gshadow 等四个文件的内容。

5.3.2 删除用户命令 userdel

命令 userdel 的完整路径是/usr/sbin，只有 root 用户有权限执行，其功能是删除指定用户。命令格式：

[root@localhost~]# userdel [选项] 用户名

选项说明：

-f：强制删除用户，即使用户当前已登录系统。

-r：删除用户的同时删除与用户相关的所有文件(家目录及其中的文件)。

例 5.17 可用如下命令删除用户 aa 及其家目录(包括家目录中的所有文件)，而不管用户 aa 是否登录系统：

[root@localhost home]# userdel -fr aa

5.3.3 修改用户信息命令 usermod 和修改密码状态命令 chage

1. 修改用户信息命令 usermod

usermod 的完整路径是/usr/sbin，只有 root 用户才有权限执行，其功能是修改用户账号、登录目录、所属群组、账号有效时间等属性。

命令格式：

[root@localhost~]# usermod [选项] 用户名

选项说明：

-c：修改用户账号的备注文字，对应于/etc/passwd 中的第一个字段。

-d：修改用户登录时的目录，对应于/etc/passwd 中的第六个字段。

-e：修改账号的有效期限，对应于/etc/shadow 中的第五个字段。

-f：修改在密码过期后的宽限天数，对应于/etc/shadow 中的第七个字段。

-g：修改用户初始组，对应于/etc/passwd 中的第个字段。

-G：修改用户所属的附加群组，对应于/etc/group 中的第四个字段。

-l：修改用户账号名称，对应于/etc/passwd 中的第五个字段。

-L：锁定用户密码，使密码无效。此时被锁定用户不能远程登录，但可以从其他登录用户切换到该用户。

-s：修改用户登入后所使用的 shell，对应于/etc/passwd 中的第七个字段。

-u：修改用户 ID，对应于/etc/passwd 中的第三个字段。

-U：解除密码。

其实，usermod 命令的执行就是对/etc/passwd、/etc/shadow、/etc/group 或/etc/gshadow 等文件中的对应条目中的相应字段值的修改，其效果跟直接修改/etc/passwd、/etc/shadow、

/etc/group 或/etc/gshadow 等文件中的对应条目中的相应字段值相同。

2．修改用户密码状态命令 chage

chage 命令修改/etc/shadow 文件中的相应内容。

命令格式:

[root@localhost~]# chage　[选项]　用户名

选项说明:

-l：列出用户的详细密码状态，其实就是详细列出了指定用户在/etc/shadow 中的记录。

-d：修改密码最后一次更改日期，对应于/etc/shadow 中第三个字段。

-m：修改两次秘密修改间隔，对应于/etc/shadow 中第四个字段。

-M：修改密码有效期，对应于/etc/shadow 中第五个字段。

-w：修改密码过期警告天数，对应于/etc/shadow 中第六个字段。

-I：修改密码过期后宽限天数，对应于/etc/shadow 中第七个字段。

-E：账号失效时间，对应于/etc/shadow 中第八个字段。

chage 命令的执行就是对/etc/shadow 文件中相应条目中字段值的修改。

usermod 和 chage 命令主要用于 shell 编程使用，在交互模式下，使用 vim 编辑器对/etc/passwd、/etc/shadow 等文件进行修改更直观。

例 5.18　可用如下命令显示用户 yhao 的详细密码信息:

[root@localhost home]# chage -l yhao

执行结果:

Last password change   : Jul 14, 2018
Password expires   : never
Password inactive   : never
Account expires   : never
Minimum number of days between password change   : 0
Maximum number of days between password change   : 99999
Number of days of warning before password expires   : 7

对执行结果解释如下:

Last password change：表示密码最后一次修改日期;

Password expires：密码到期日期;

Password inactive：密码失效日期;

Account expires ：账号到期日期;

Minimum number of days between password change：两次修改密码的最小天数;

Maximum number of days between password change：密码保持有效的最大天数;

Number of days of warning before password expires：密码到期前的警告天数。

举例说明 Password expires(密码到期日期)、Password inactive(密码失效日期)和 Account expires(账号到期日期)三者之间的关系如下:

某个用户的密码到期日期为 2018-07-14，密码失效日期为 2018-07-20，也就是说，该用户密码到 2018-07-14 到期，但不失效，一直到 2018-07-20，密码仍然可用，但过了这天，密码就失效了，不能登录系统了。而账号到期日期是优先制约因素，只要账号到期，不管密码是否到期，也不管密码是否失效，该用户都不能登录系统。

小知识 如果某个用户的密码修改日期为 0，说明该用户是在 1970 年 1 月 1 日修改的密码，这是不可能的，所以系统就认为这个用户没有修改密码，进而就会在用户登录系统时强制用户修改密码。系统管理员通常会批量新增用户，而且往往为这些用户设置相对较简单的密码，这时必须强制用户第一次登录系统就修改密码。这种情况下，可以设置用户的密码修改日期为 0，使其第一次登录系统就强制修改密码。

例 5.19 可用如下命令强制用户 yhao 第一次登录系统就修改密码：

[root@localhost home]# chage -d 0 yhao

这样，用户 yhao 第一次登录系统时，系统就会显示如下提示信息，要求用户更改密码后方能登录：

You are required to change your password immediately (root enforced)

Last login: Sun Jul 15 04:54:44 2018 from 192.168.250.2

WARNING: Your password has expired.

You must change your password now and login again!

更改用户 yhao 的密码。

为 yhao 更改 STRESS 密码。

(当前)UNIX 密码：

5.4 用户组管理命令

5.4.1 添加用户组命令 groupadd

groupadd 命令的完整路径是/usr/sbin，只有 root 用户有权限执行，其作用是新增一个用户组。

命令格式：

[root@localhost~]# groupadd [选项] 组名

选项说明：

-g：指定组 ID(GID)，缺省值为从 500 开始顺次累加。

用户组一般在创建用户时自动创建与用户同名的用户组，所以该命令用得较少，也比较简单。

5.4.2　修改用户组命令 groupmod

groupmod 命令的完整路径是/usr/sbin，只有 root 用户有权限执行，其作用是修改用户组的 UID、组名等信息。

命令格式：

[root@localhost~]# groupmod　[选项]　组名

选项说明：

-g：修改组 ID。

-n：修改组名。

例 5.20　可用如下命令将组名 test1 修改为 test2：

[root@localhost~]# groupmod -n test2 test1

小知识　不建议初学者修改组名！组名与用户信息、邮箱地址等相联系，如果对系统不是很熟悉，容易造成混乱，如果非改不行，就把需要修改组名的组删掉，重新添加新组。

5.4.3　删除用户组命令 groupdel

groupdel 命令的完整路径是/usr/sbin，只有 root 用户有权限执行，其作用是删除指定用户组。

命令格式：

[root@localhost~]# groupdel　　组名

例 5.21　可用如下命令删除用户组 test2：

[root@localhost~]# groupdel test2

如果是初始组，而且组内有初始用户，则该组不能被删除，如果确实要删除该组，需要先删除该组的初始用户。空组或附加组是可以被删除的。

5.4.4　从组中添加或删除用户命令 gpasswd

gpasswd 命令的完整路径是/usr/bin，用于向组添加用户或从组中删除用户。

命令格式：

[root@localhost~]#　gpasswd　[选项]　组名

选项说明：

-a 用户名：把用户加入组。

-d 用户名：把用户从组中删除。

例 5.22　可用如下命令向 test1 组中添加 yh1 用户：

[root@localhost~]# gpasswd -a yh1 test1

通过 gpasswd 命令添加用户，添加的是附加用户。其实该命令操作的就是/etc/group 文件，我们也可以通过 vim 直接编辑/etc/group 文件(vim /etc/group)，以达到同样的效果。

添加用户到某一个组可以使用 usermod -G groupB userA 命令，但是命令执行后该用户会退出以前所在的组，所以想要添加一个用户到一个新组，同时保留以前所在组时，要使用 gpasswd 这个命令来完成添加操作。

习题与上机训练

5.1 举例说明/etc/passwd 文件的主要内容以及 7 个字段(属性)所表示的含义。

5.2 某用户的密码修改时间为 16722，转换为日期是哪一天？

5.3 要把 yh 用户的密码有效期修改为 2019-07-23，如何计算其对应的时间戳？

5.4 举例说明/etc/shadow 文件的主要内容以及 7 个字段(属性)所表示的含义。

5.5 举例说明/etc/default/useradd 文件中各参数含义，修改其中的参数会对系统产生什么影响？

5.6 举例说明/etc/login.defs 文件中各参数的含义，修改其中的参数会对系统产生什么影响？

5.7 以 root 身份登录系统，创建名为 user1 的用户，并将其密码设为"123456"，试说明上述命令的执行结果分别对/etc/passwd、/etc/shadow、/etc/group、/etc/gshadow 等文件产生了什么样的影响？该命令还对系统产生了哪些影响(至少三点)？

5.8 在第 5.7 题的基础上以 user1 用户身份登录，将其密码修改为更复杂的密码(注意要符合密码规则)。

5.9 在第 5.7 题的基础上锁定 user1 用户密码，并查看该用户密码状态，验证是否锁定，同时查看对/etc/shadow 文件的影响。

5.10 通过修改/etc/shadow 文件解锁定 user1 用户密码，并查看该用户密码状态，验证是否锁定。

5.11 写一个 shell 程序，以批量修改服务器的 root 密码。

5.12 修改用户 yhao 的附属组为 yh(如果该组不存在，需要新建组)，并退出以前所在组。

5.13 将用户 yhao 添加到附属组 yhao1(如果该组不存在，需要新建组)，但不退出以前所在组 yh。

第 6 章　权 限 管 理

本章学习目标

1.　了解 ACL 权限的概念，熟练掌握 ACL 权限相关命令的使用方法。

2.　熟悉 SUID、SGID 和 SBIT 权限的作用，熟练掌握 SUID、SGID 和 SBIT 权限的相关操作。

3.　熟练掌握修改、查看文件系统属性的命令及基本使用方法。

4.　熟练掌握设置、执行 sudo 权限的方法。

6.1 ACL 权 限

在第 3 章中，我们学习了权限管理，介绍了用户对文件的三种基本权限。对于任何一个文件，它可以有三种用户(所有者、所属组和其他人)，对于每一种用户我们可以给他赋予不同的权限组合(读写执行)。由于是按用户类型授予用户对特定文件的操作权限的，所以当出现某一用户既不是所有者，也不能添加到所属组，也不适合作为其他人来访问文件时，就需要用特殊的方法为其授予相应的权限，这就是 ACL(Access Control List，访问控制列表)要解决的问题。

ACL 在为用户分配权限的时候，不再考虑用户身份，而是直接赋予合适的权限。要使用 ACL 为用户分配权限，系统分区必须支持 ACL。

6.1.1 查看和开启分区 ACL 权限

1. 查看分区是否开启 ACL 权限

可以通过文件系统信息查看分区是否开启 ACL 权限，dumpe2fs 命令用于查看文件系统信息，该命令的选项比较多，显示的文件系统信息也非常全面，这里只介绍与 ACL 相关的用法。其命令格式如下：

[root@localhost ~]# dumpe2fs [选项] 分区名称

选项说明

-h：仅显示超级块中的信息，而不显示磁盘块组的详细信息。

例 6.1 查看分区/dev/sda3 是否开启 ACL。

第一步，查看系统分区情况：

[root@localhost ~]# df -h　#获悉系统有哪些分区文件

第二步，查看是否开启 ACL 权限：

[root@localhost ~]# dumpe2fs -h /dev/sda3

如果执行结果中，"Default mount options "的值为"user_xattr acl"，则说明分区/dev/sda3已开启 ACL 权限。

2. 开启分区的 ACL 权限

默认情况下，Linux 所有分区的 ACL 权限已全部开启。如果需要手工开启 ACL 权限，可使用如下方法：Linux 系统有一个开机自动挂载文件/etc/fstab，该文件记录了需要开机自动挂载的分区及分区是否开启 ACL 权限的相关信息。其执行如下命令：

[root@localhost~]# vi /etc/fstab

进入/etc/fstab 文件编辑模式：

UUID=21ddb085 f7fe 4ce9-8933-e87a101a0294 /　　　ext4　　　defaults　　1 1

UUID=c6765a19-0260-4ea5-ade2-5fb47b4b09fa /boot ext4　　　defaults　　1 2

UUID=52494eb9-662d-4c5d-bbe4-72c94b807f0d /home	ext4	defaults	1 2
UUID=5b5ee917-0e9b-429c-9fc9-ed34bce5415a swap	swap	defaults	0 0
tmpfs	/dev/shm	tmpfs	defaults 0 0
devpts	/dev/pts	devpts	gid=5, mode=620 0 0
sysfs	/sys	sysfs	defaults 0 0
proc	/proc	proc	defaults 0 0

前四行分别是根分区、boot 分区、home 分区、swap 分区的信息，对应的第四列的值均为"defaults"。"defaults"本身的值是可以重新定义的，但在缺省情况下是已经开启了 ACL 权限支持，如果"defaults"的值不包含对 ACL 权限的支持，则可以在"defaults"后加"ACL"进行定义，中间用逗号分隔。下面举例说明。

例 6.2 当前 Linux 系统不支持 ACL 权限，请对所有分区开启 ACL 权限。

第一步，进入/etc/fstab 文件编辑模式，将第 4 个字段的值"defaults"修改为"defaults, ACL"，然后保存并退出：

UUID=21ddb085-f7fe-4ce9-8933-e87a101a0294 /	ext4	defaults,ACL	1 1
UUID=c6765a19-0260-4ea5-ade2-5fb47b4b09fa /boot	ext4	defaults,ACL	1 2
UUID=52494eb9-662d-4c5d-bbe4-72c94b807f0d /home	ext4	defaults,ACL	1 2
UUID=5b5ee917-0e9b-429c-9fc9-ed34bce5415a swap	swap	defaults,ACL	0 0

第二步，重启系统。

注意：对/etc/fstab/文件的操作要非常谨慎，任何一个小小的错误都有可能导致开机挂载失败，而使系统启动失败。

6.1.2 查看和设定 ACL 权限

1. 查看 ACL 权限命令 getfacl

getfacl 命令的完整路径是/usr/bin，任何用户都可以使用，其功能是查看以自己为所有者的文件的 ACL 权限。其命令格式如下：

[root@localhos~]# getfacl 文件名

该命令的具体用法我们会结合后续命令进行讲解。

2. 管理 ACL 权限

setfacl 命令的完整路径是/usr/bin，任何用户都可以使用，其功能是为以自己为所有者的文件设置 ACL 权限。其命令格式如下：

[root@localhos~]# setfacl [选项] [u:用户名 | g:组名] [:权限] 文件名

选项说明：

-m：设置 ACL 权限。

-x：删除指定用户或组对指定文件的 ACL 权限。

-b：删除所有用户对指定文件的 ACL 权限。

-k：删除默认的 ACL 权限。

-R：递归设置 ACL 权限，包括子目录。

-d：设置默认 ACL 权限。

部分参数说明：

"u: 用户名"：管理指定用户对指定文件的 ACL 权限。

"g: 组名"：管理指定组对指定文件的 ACL 权限。

下面结合实例分情况说明 setfacl 命令的具体用法。

例 6.3 可用如下命令设置用户 yh 对/root/test 目录的 ACL 权限，使其对该目录具有 rw 权限：

[root@localhost ~]# setfacl -m u:yh:rw test   #设置权限

[root@localhost ~]# getfacl test   #验证正确性

执行结果：

file: test

owner: root

group: root

user::rwx

user:yh:rw-

group::r-x

mask::rwx

other::r-x

说明：上述 setfacl 命令中的参数"u"表示为用户 yh 设置 rw 权限，如果要为组设置权限，就使用参数"g"，其后跟""组名：权限"即可。getfacl 命令的执行结果中第五行："user:yh:rw-"说明 yh 既不是所有者，也不是所属组或其他人，它具有"rw-"权限。

例 6.4 可用如下命令删除 usernew 用户对/root/acltest 的 ACL 权限：

[root@localhos~]# setfacl -x u:usernew /root/acltest

例 6.5 可用如下命令删除用户组 aclgroup1 对目录/root/acltest 的 ACL 权限：

[root@localhos~]# setfacl -x g:aclgroup1 /root/acltest

例 6.6 可用如下命令删除/root/acltest 目录的所有 ACL 权限：

[root@localhos~]# setfacl -b /root/acltest/

例 6.7 可用如下命令删除用户 yh 对/root/test 目录的执行权限：

[root@localhost ~]# setfacl -x u:yh test

注意：本例中，"yh"后不跟具体权限。

例 6.8 现在有一个项目组在完成一项项目设计任务，项目组由一个组长、三个成员和一个实习生组成。要求：① 项目组所有成员可以访问项目文件，但根据身份不同，执行不同的权限。② 项目组长以 root 身份管理项目文件和成员，对文件具有 rwx 权限；项目其他成员加入项目组，作为项目文件的所属组，对文件具有 rwx 权限；项目文件的其他人对文件不具有任何权限；实习生既不是文件的所有者，也不是文件所属组成员或其他人，若要对文件具有 r-x 权限，则需要通过 ACL 单独赋权。

分析：首先需要创建一个项目文件夹，然后创建三个项目组成员用户，并加入所属组；然后，用 chmod 和 chown 命令修改项目文件夹的权限和所有者、所属组；最后为实习生赋予权限。

第一步，创建项目文件夹：

[root@localhost ~]# mkdir project

[root@localhost ~]# ls -ld project

drwxr-xr-x. 2 root root 4096 7 月 25 09:01 project   #项目文件夹目前的权限和所属状态

第二步，创建项目成员和项目组，并将项目成员加入项目组(所属组)：

[root@localhost ~]# useradd member1

[root@localhost ~]# useradd member2

[root@localhost ~]# useradd member3

[root@localhost ~]# groupadd gproject

[root@localhost ~]# gpasswd -a member1 gproject

Adding user member1 to group gproject

[root@localhost ~]# gpasswd -a member2 gproject

Adding user member2 to group gproject

[root@localhost ~]# gpasswd -a member3 gproject

Adding user member3 to group gproject

第三步，修改/root/project 目录的所有者和所属组及权限：

[root@localhost ~]# chown root:gproject /root/project

[root@localhost ~]# chmod 770 /root/project

[root@localhost ~]# ls -ld /root/project   #验证修改得是否符合要求

drwxrwx---. 2 root gproject 4096 7 月   25 09:01 /root/project

第四步，添加实习生 Trainee，为其分配对项目文件目录的 rx 权限：

[root@localhost ~]# useradd trainee

[root@localhost ~]# setfacl -m u:trainee:rx project

[root@localhost ~]# ls -ld project

执行结果：

drwxrwx---+ 2 root gproject 4096 7 月   25 09:01 project

其中，"+"表示已经分配了 ACL 权限。执行如下 getfacl 命令可以得到更详细的信息：

[root@localhost ~]# getfacl project/

执行结果：

file: project/

owner: root

group: gproject

user::rwx

user:trainee:r-x

```
group::rwx
mask::rwx
other::---
```

其中，第 5 行信息说明用户 trainee 既不是所有者，也不是所属组或其他人，他具有"r-x"权限。

例 6.9 可用如下命令为用户组 aclgroup1 设置对目录/root/acltest 的 rx 权限，并验证：

分析：为用户组设置 ACL 权限，类似于为用户设置 ACL 权限，都使用 setfacl 命令，只要将参数"u"替换为"g"，并在其后跟用户组名即可。

第一步，创建用户组 aclgroup1：

```
[root@localhos~]# groupadd aclgroup1
```

第二步，为用户组 aclgroup1 设置对目录/root/acltest 的 rx 权限：

```
[root@localhos~]# setfacl –m g:aclgroup1: rx /root/acltest
[root@localhos~]# getfacl /root/acltest
```

显示如下信息：

```
# file: acltest/
# owner: root
# group: root
user::rwx
group::r-x
group:aclgroup1:r-x
mask::r-x
other::r-x
```

从显示信息可以看出，用户组 aclgroup1 虽然不是目录/root/acltest 的所属组，但拥有与用户组相同的权限。

6.1.3 最大有效权限

getfacl 命令用来显示相应目录或文件的用户权限信息，其中的一个条目是 mask 权限，如"mask:: wrx"，这就是最大有效权限。我们给用户赋予的所有 ACL 权限和所属组的权限与 mask 权限进行与操作后，得到的结果才是用户或组的真正权限。

设置最大有效权限的命令格式如下：

```
[root@localhos~]# setfacl -m m:--- 目录或文件名
```

参数"m:---"表示为 mask 用户赋予相应权限，比如：执行 setfacl -m m:rx /root/acltest 命令，则可以为/root/acltest 目录的 mask 赋予 rx 权限。

执行如下命令：

```
[root@localhos~]# setfacl -m m:rx /root/acltest
[root@localhos ]# getfacl /root/acltest
```

可以得到如下信息：

#file：root/acltest/

#owner: root

#group: aclgroup

user: : rwx

user:usernew:r-x

group::rwx   #effective:r-x

group: aclgroup1:rwx   #effective:r-x

mask::r-x

other::---

由 "#effective：r-x" 可知，虽然为所属组和 aclgroup1 组赋予了 wrx 权限，但其真正的权限是 r-x。所以，设置最大权限 mask，可以有效预防为用户设置过高的权限。

例 6.10　验证除了所有者和 other 用户不受 mask 权限限制外，其他用户的权限都受 mask 权限限制。

依次执行如下命令：

[root@localhost ~]# mkdir acltest1

[root@localhost ~]# chmod 777 acltest1

[root@localhost ~]# setfacl -m u:yh:rwx acltest1

[root@localhost ~]# setfacl -m g:aclgroup1:rwx acltest

[root@localhost ~]# setfacl -m m:rx acltest1

[root@localhost ~]# getfacl acltest1

执行结果：

file: acltest1

owner: root

group: root

user::rwx

user:yh:rwx   #effective:r-x

group::rwx   #effective:r-x

group:aclgroup1:rwx   #effective:r-x

mask::r-x

other::rwx

执行结果中的第 5～7 行说明 mask 权限会对所属组、ACL 用户和 ACL 用户组产生影响。

小知识　在设置 mask 权限时，先设置其他用户或用户组的权限，然后再设置 mask 权限，否则 mask 权限会自动恢复到 rwx 权限。

6.1.4 递归 ACL 权限和默认 ACL 权限

1. 递归 ACL 权限

所谓递归 ACL 权限，就是在设定用户或组对某目录的 ACL 权限时，同时使该用户或组对该目录的所有子目录和文件也都具有相同 ACL 权限。

命令格式：

[root@localhos~]# setfacl -m [u:用户名 ｜g:组名] 权限 -R 目录名

选项说明：

"-R"：设置递归 ACL 权限，该参数的位置不能改变。

例 6.11 可用如下命令为用户组 aclgroup1 设置对目录/root/acltest/ 及子目录和文件的读与执行的 ACL 权限：

[root@localhos~]# setfacl -m g:aclgroup1:rx -R /root/acltest #参数选项 R 的位置不能改变

注意：递归 ACL 权限设置只对目录中已有的子目录和文件生效，对 ACL 权限设置后建立的子目录和文件是无效的，这时需要用到默认 ACL 权限。

2. 默认 ACL 权限

如果给某目录设置了默认 ACL 权限，则在该目录下所有新建的目录和文件都会继承相应的默认 ACL 权限。

命令格式：

[root@localhos~]# setfacl –m d:[u:用户名 ｜g: 组名]:权限 目录名

选项说明：

参数 "d："：设置默认(default)ACL 权限。

例 6.12 可用如下命令为用户 usernew 同时设置对目录/root/acltest 的递归 ACL 权限和默认 ACL 权限：

[root@localhos~]# setfacl -m d:u:usernew:rx -R /root/acltest

注意：不管是默认 ACL 权限，还是递归 ACL 权限，命令本身的作用对象是目录。

递归 ACL 权限是针对目录及其现有子目录和文件的，而默认 ACL 权限是针对未来新建子目录和文件的。所以如果同时设置了递归 ACL 权限和默认 ACL 权限，那么目录中的所有子目录和文件，不管是已有的还是未来新建的，都会继承父目录的 ACL 权限。

6.2 文件特殊权限

6.2.1 设置 SUID 权限

1．SUID 简介

我们首先研究一下/usr/bin/passwd 和/etc/shadow 两个文件的用户权限及命令执行过程。

首先观察/usr/bin/passwd 文件的权限：

[root@localhos~]# ls –l /usr/bin/passwd

显示如下信息：

-rwsr-xr-x. 1 root root 25980 Feb 22 2017 /usr/bin/passwd

可以看出，文件/usr/bin/passwd 的所有者 root 的权限是"rws"，这好像与我们前述章节介绍的用户对文件的权限只有三种(读、写和执行)的说法有些冲突。其实，这里的"s"权限就是 SUID 特殊权限，它占据了原来"x"的位置。

再观察/etc/shadow 文件的权限：

[root@localhos~]# ls -l /etc/shadow

显示如下信息：

----------. 1 root root 1316 Apr 17 07:28 /etc/shadow

可以看出两点：首先，文件/etc/shadow 的所有者 root 的权限为"---"，可是 root 用户可以对该文件进行任何操作，这是因为 root 具有最高权限，即使不设置权限，它依然具有最高文件操作权限。其次，也是我们要重点说明的，除 root 用户之外的其他所有用户的权限也是"---"，但是为什么所有用户都可以修改自己的密码呢？为什么都可以修改/etc/shadow 文件呢？

由前述章节可知，密码是记录在/etc/shadow 文件中的，修改密码的过程其实就是修改该文件的过程。我们在修改密码的时候，并不是直接修改/etc/shadow 文件，而是通过 passwd 二进制可执行文件(命令)来修改密码的，虽然/sur/bin/passwd 的权限是"-rwsr-xr-x"，即除了 root 用户以外任何人都没有写操作，但是该文件具有 SUID 权限，SUID 权限的作用就是暂时为命令的执行者赋予属主用户(这里指 root)权限，授权其行使属主用户的权限，直到命令执行结束。也就是说，虽然普通用户没有修改/etc/shadow 的权限，但是/usr/bin/passwd 具有 SUID 权限，所以普通用户可以通过 passwd 命令获得暂时的 root 权限，从而具备了修改/etc/shadow 文件的权限。

再来观察/bin/cat 文件的权限：

[root@localhost ~]# ls -l /bin/cat

-rwxr-xr-x. 1 root root 48568 11 月 22 2013 /bin/cat

由于 cat 命令不具有 SUID 权限，所以普通用户在通过 cat 命令查看 shadow 文件内容时就会报出"权限不够！"的错误。

到此，我们基本明白了 SUID 权限的作用，下面对 SUID 做几点说明：

(1) 只有可执行的二进制程序文件才能被设定 SUID 权限，如上述的 passwd 就是一个可执行的二进制程序文件，对其他不可执行的文件(包括文本文文件、目录等)赋予 SUID 权限是无意义的，也不能用在普通的 Shell 脚本中。因为 Shell 脚本是由二进制命令组成的，所以如果其中的命令没有配置 SUID 权限，即使 Shell 脚本具备 SUID 权限也是无效的。

(2) 要为某命令文件设置特殊权限，命令(也就是可执行的二进制程序文件)执行者必须对该命令文件拥有执行(x)权限。

(3) 命令执行者在执行该程序时获得该程序文件的属主身份，如上所述，用户在通过

passwd 命令修改用户密码，即修改 shadow 文件时，因为 passwd 具有 SUID 权限，所以被暂时赋予了 passwd 文件的属主 root 身份，所以具备修改 shadow 的权限。

(4) SUID 权限只在该程序执行过程中有效，也就是说，文件属主的身份只在命令执行过程中有效，命令一结束，身份立即还原。

(5) 要谨慎使用 SUID 权限，因为如果使用不当可能会带来灾难性后果。比如，如果将 /bin/vi 编辑器赋予 SUID 权限，那么任何用户都可以对系统中无执行权限的文件进行编辑，其后果是不堪设想的。日常工作中，应对系统中默认具有 SUID 权限的文件汇总，定期检查有没有被误设了 SUID 权限的文件。

2. 设置 SUID 权限

设置 SUID 权限的方法有以下两种：

• 第一种方法，使用如下命令格式：

[root@localhos~]# chmod n755 可执行文件名

其中，"n" 可以是 "4" "2" "1" "7" 等中的任何一个数字，"4" 代表 SUID，"2" 代表 SGID，"1" 代表 SBIT，"7" 包括了 SUID、SGID 和 SBIT 的所有权限。需要注意的是，"n" 要与后面的三位数字配合使用，否则会报错。

例 6.13　可用如下命令为 cat 命令设置 SUID 权限，使其他用户可以使用 cat 命令查看 /etc/shadow 文件内容(实验结束后务必要还原，否则危险!)：

[root@localhos~]# chmod 4755 /bin/cat

• 第二种方法，使用如下命令格式：

[root@localhos~]# chmod u+s 可执行文件名

注意：特殊权限要与后面三位数字配合使用，诸如 "-rwSr-xr-x"、"-rwxrwSr-x"、"-rwxr-xrwT" 中，都出现了相应的大写字母，说明存在错误。

相应地，用如下命令可以取消 SUID 权限：

[root@localhos~]# chmod 755 文件名

或

[root@localhos~]# chmod u-s 文件名

例 6.14　什么情况下为文件授予特殊权限时会出现类似于 "-rwSr-xr-x" 的报错信息？请举例说明。

依次执行如下命令：

[root@localhost ~]# chmod 655 /bin/cat　　#去掉所有者的执行权限

[root@localhost ~]# ls -l /bin/cat

执行结果：

-rw-r-xr-x. 1 root root 48568 11 月　22 2013 /bin/cat　　#所有者失去了执行权限

[root@localhost ~]# chmod u+s /bin/cat　　　　#为所有者授予特殊权限：SUID

[root@localhost ~]# ls -l /bin/cat

执行结果·

-rwSr-xr-x. 1 root root 48568 11 月　22 2013 /bin/cat　　#报错了

root 的权限"rwS"中，"S"是大写的，这说明是错误，原因是在 root 对/bin/cat 无执行权限的情况下赋予了 SUID 特殊权限，这与命令(也就是可执行的二进制程序文件)执行者要对该命令文件拥有"x"权限的原则不符。正确的做法如下：

[root@localhost ~]# chmod 755 /bin/cat　　#先赋予执行权限

[root@localhost ~]# chmod u+s /bin/cat　　#再授予 SUID 权限

或

[root@localhost ~]# chmod 4755 /bin/cat　　#同时授予执行权限和 SUID 权限

[root@localhost ~]# ls -l /bin/cat

执行结果：

-rwsr-xr-x. 1 root root 48568 11 月 22 2013 /bin/cat　#授权正确

注意：实验结束后，依次执行如下命令去除/bin/cat 的 SUID 权限，否则可能有危险！

[root@localhost ~]# chmod 755 /bin/cat

或

[root@localhost ~]# chmod u-s /bin/cat

[root@localhost ~]# ls -l /bin/cat

-rwxr-xr-x. 1 root root 48568 11 月 22 2013 /bin/cat　#已不具备 SUID 权限了

6.2.2　设置 SGID 权限

类似于 SUID 权限，SGID 权限的作用是使某个用户的组身份暂时获得文件所属组的身份，执行所属组的权限。不过，SetGID 的设置可以针对文件，也可以针对目录。

1．SetGID 对文件的作用

对于文件，在设置 SGID 权限时要注意以下事项：

• 只有可执行的二进制程序才能设置 SGID 权限。

• 命令执行者(用户)要对程序拥有"x"权限。

• 用户在执行程序的过程中，其组身份升级为该程序文件的所属组，程序一旦执行结束，其用户的 SGID 权限就失效。

例 6.15　举例说明具有 SGID 权限的二进制文件的执行过程。

我们知道，任何用户都可以用文件查找命令 locate 通过对/var/lib/mlocate /mlocate.db 库文件的搜索来查找文件。我们先来研究观察一下这两个文件的权限，然后研究命令的执行机理：

[root@localhost ~]# ls -l /var/lib/mlocate/mlocate.db

-rw-r-----. 1 root slocate 1539629 7 月　29 03:31 /var/lib/mlocate/mlocate.db

[root@localhost ~]# ls -l /usr/bin/locate

-rwx--s--x. 1 root slocate 38464 10 月 10 2012 /usr/bin/locate

可以看出，所属组 slocate 对/var/lib/mlocate/mlocate.db 文件具有读取权限，但普通用户对该文件没有读取权限，那么普通用户是如何搜索 mlocate.db 库文件的呢？我们再观察一下/usr/bin/locate 二进制文件的权限，发现所属组 slocate 对该文件具有"s"权限，即 SGID 权限。所以非所属组 slocate 的用户虽然不能直接读取 mlocate.db 文件，但可以通过 locate 命令来对 mlocate.db 文件内容进行查找，普通用户在执行 locate 命令时，其组身份被赋予了 slocate 身份，具有了 slocate 组对 mlocate.db 的读权限，所以实现了对 mlocate.db 文件的查找目的。命令执行结束后，用户的组身份立即还原为原来的组身份。

2. SetGID 对目录的作用

对于目录，在设置和运用 SGID 权限时要注意如下事项：

(1) 普通用户必须对某目录拥有"r"(如：可以执行 ls 命令)和"x"(如：可以执行 cd 命令)权限，即可以用 ls 命令，可以进入该目录。

(2) 普通用户在进入该目录后会赋予该目录的属组身份。

(3) 当普通用户对此目录拥有"w"权限时，新建文件的默认属组就是这个目录的属组。

例 6.16　下面示例说明了 SGID 权限对目录的作用：

[root@localhost ~]# mkdir /tmp/SGIDtest　　#以 root 身份新建一个 SGIDtest 目录

[root@localhost ~]# chmod 2777 /tmp/SGIDtest/　#为新目录赋予读写执行和 SGID 权限

[root@localhost ~]# su yh　　#快速切换用户 yh

[yh@localhost root]$ cd /tmp/SGIDtest/　#进入新目录，yh 被赋予所属组 root 的身份

[yh@localhost SGIDtest]$ ls -ld /tmp/SGIDtest/　　#验证确实具有读写执行和 SGID 权限

执行结果：

drwxrwsrwx. 2 root root 4096 7 月 29 09:02 /tmp/SGIDtest/

[yh@localhost SGIDtest]$ touch SGIDtest.txt　# yh 在/tmp/SGIDtest/下新建一个文件

[yh@localhost SGIDtest]$ mkdir SGIDtest1　　# yh 在/tmp/SGIDtest/下新建一个目录

[yh@localhost SGIDtest]$ ls -l

执行结果：

总用量 4

drwxrwsr-x. 2 yh root 4096 7 月　29 09:05 SGIDtest1　　#新建目录的所属组为 root

-rw-rw-r--. 1 yh root　　0 7 月　29 09:05 SGIDtest.txt　#新建文件的所属组也是 root

3. 设置和取消 SGID 权限

为目录设置和取消 SGID 权限的命令语法类似 SUID 权限的设置和取消，也具有一定的危险性，需要特别谨慎。

设置 SGID 权限可以使用如下命令：

[root@localhost~]# chmod 2777　目录名

或

[root@localhost~]# chmod g+s　目录名

取消 SGID 权限可以使用以下命令：

[root@localhost~]# chmod 755　目录名

或

[root@localhost~]# chmod g-s　目录名

6.2.3　设置 SBIT 权限

1. SBIT 黏着位作用

我们知道，目录/tmp 是一个临时目录，任何用户都可以在其中创建、删除、拷贝、粘贴文件或目录，但是每个用户只能删除自己创建的目录或文件，而不能删除其他用户创建的目录或文件，就是因为目录/tmp 具有 SBIT 权限——"drwxrwxrwt"。我们来查看一下目录/tmp 的权限：

[root@localhost ~]# ls -ld /tmp

drwxrwxrwt. 4 root root 4096 8 月　　6 02:22 /tmp

可知，目录/tmp 的所有者是 root，所属组是 root 组，其他人对该目录拥有"rwt"权限，其中的"t"就是 SBIT。

那么 SBIT 权限具有哪些作用呢？在设置 SBIT 权限时应注意些什么呢？对此，总结如下：

• 黏着位 SBIT 权限只对目录生效。

• 要为某个目录设置 SBIT 权限，普通用户对该目录必须拥有"-wx"权限，即普通用户可以进入此目录，也可以执行写操作。

• 当普通用户对某目录拥有"wx"权限时，可以删除该目录下的所有目录和文件(包括其他用户创建的文件)，为了避免普通用户删除同一目录下其他用户创建的文件或目录，我们可以为该目录设置 SBIT 权限，这样普通用户就只能删除自己创建的文件，而不能删除其他用户创建的文件。

目录/tmp 是系统临时目录，任何用户都可以在其中执行读写操作，为了防止普通用户删除其他用户的文件或目录，系统自动为其设置了 SBIT 权限。

2. 设置和取消 SBIT 权限

类似于设置 SUID 和 SGID 权限，设置 SBIT 权限可以使用下列命令：

[root@locahost~]# chmod 1777　目录名

或

[root@locahost~]# chmod o+t　目录名

取消 SBIT 权限可以使用如下命令：

[root@locahost~]# chmod 755　目录名

或

[root@locahost~]# chmod o-t　目录名

例 6.17　创建一个新目录/tmp/sbittest，为该目录设置 SBIT 权限，并验证普通用户 yh 在目录下创建的文件不能被其他用户(如 yh1)删除。

依次执行如下命令：

[root@locahost~]# mkdir /tmp/sbittest

[root@locahost~]# chmod 1777 /tmp/sbittest　　#为/tmp/sbittest 目录设置 SBIT 权限

[root@locahost~]# su yh　　#切换用户为 yh

[yh@localhost root]$ cd /tmp/sbittest/

[yh@localhost sbittest]$ mkdir sbit1　　#以 yh 身份创建一个目录 sbit1

[yh@locahost sbittest]$ su yh1　　#切换用户为 yh1

[yh1@localhost sbittest]$ rm -fr sbit1/　　#以 yh1 身份删除目录 sbit1

系统提示如下:

rm: 无法删除"sbit1": 不允许的操作

这说明用户 yh1 不能删除 yh 创建的目录 sbit1。

6.3　改变文件系统属性命令

chattr 的意思是 "change file attributes on a Linux file system",即改变 Linux 文件系统中的文件属性。特别注意: chattr 命令对 root 用户也生效。

6.3.1　设置文件系统属性命令

chattr(change file attributes)命令用于设置文件的系统属性。其命令格式如下:

[root@localhos~]# chattr [+|-|=] [选项] 文件名或目录名

选项说明:

+: 增加权限。

-: 删除权限。

=: 赋予某权限。

i: 如果一个文件被设置了 i 属性,那么就不允许用户对文件进行删除、重命名和编辑文件内容,只能读其中的数据;如果对某目录设置了 i 属性,那么只能修改该目录下的文件数据,而不允许用户建立和删除文件。

a: 如果某个文件被设置了 a(append)属性,那么只能在该文件中增加数据,而不能删除、修改数据;如果对某目录设置了 a 属性,那么只允许在目录中建立和修改文件,而不允许删除文件。

例 6.18　创建文件 chattr.txt,为其设置文件系统属性,使任何用户不能删除、重命名该文件,也不能修改该文件内容。

依次执行如下命令:

[root@localhost~]# cd /root/temp

[root@localhost temp]# touch chattr.txt

[root@localhost temp]# echo linux >> chattr.txt

[root@localhost temp]# cat chattr.txt

linux　　　　　　　　　　　　　　　　　　#设置 i 属性前可以修改文件内容

[root@localhost temp]# chattr +i chattr.txt   #设置 i 属性

[root@localhost temp]# lsattr chattr.txt

----i--------e- chattr.txt   #文件具备了 i 属性

[root@localhost temp]# echo hello>>chattr.txt   #设置 i 属性后不能再修改文件内容

bash: chattr.txt: 权限不够

[root@localhost temp]# rm -fr chattr.txt   #设置 i 属性后也不能再删除文件

rm: 无法删除"chattr.txt": 不允许的操作

例 6.19 在/root/temp/目录下创建 chattrtest 目录，设置其文件系统属性，使任何用户不得在该目录下新建和删除文件，而只能修改该目录下的已有文件。

依次执行如下命令：

[root@localhost temp]# mkdir chattrtest

[root@localhost temp]# touch chattrtest/chattrtest.txt   #设置 i 属性前可新建文件

[root@localhost temp]# chattr +i chattrtest   #为目录设置 i 属性

[root@localhost temp]# lsattr -d chattrtest

----i--------e- chattrtest   #目录具备了 i 属性

[root@localhost temp]# echo linux >>chattrtest/chattrtest.txt   #设置 i 属性后仍然可以修改目录中的文件内容

[root@localhost temp]# rm -fr chattrtest/chattrtest.txt   #设置 i 属性后不能删除文件了

rm: 无法删除"chattrtest/chattrtest.txt": 权限不够

[root@localhost temp]# touch chattrtest/chattrtest1.txt   #设置 i 属性后不能新建文件了

touch: 无法创建"chattrtest/chattrtest1.txt": 权限不够

例 6.20 可用如下命令恢复/tmp/temp/ chattrtest 目录的文件系统属性(去掉 i 属性)：

[root@localhost temp]# chattr -i chattrtest

[root@localhost temp]# lsattr -d chattrtest

-------------e- chattrtest   #目录没有了 i 属性

例 6.21 设置/tmp/temp/chattrtest 目录的文件系统属性，任何用户只允许新建、修改文件或目录，而不能删除文件或目录。

依次执行如下命令：

[root@localhost temp]# chattr +a chattrtest   #为 chattrtest 目录设置 a 属性

[root@localhost temp]# lsattr -d chattrtest

-----a-------e- chattrtest   #chattrtest 目录具有了 a 属性

[root@localhost temp]# touch chattrtest/chattrtest.txt1   #可以新建文件

[root@localhost temp]# echo hello >> chattrtest/chattrtest.txt1   #也可以修改文件

[root@localhost temp]# cat chattrtest/chattrtest.txt1

hello

[root@localhost temp]# rm -fr chattrtest/chattrtest.txt1   #但不能删除文件

rm: 无法删除"chattrtest/chattrtest.txt1": 不允许的操作

6.3.2 查看文件系统属性

lsattr(list file attributes)命令用于查看文件的系统属性。其命令格式如下：

[root@localhost~]# lsattr [a l d] 文件名

选项说明：

a：显示所有文件和目录。

d：如果操作对象是目录，则仅列出目录本身的属性，而不显示子文件的属性。

例 6.22 可用如下命令列出/root/temp/ chattrtest 目录中所有的文件和目录的文件系统属性：

[root@localhost temp]# lsattr -a chattrtest

执行结果：

-------------e- chattrtest/..

-----a-------e- chattrtest/.

-------------e- chattrtest/chattrtest.txt1

-------------e- chattrtest/chattrtest.txt

6.4 sudo 权 限

sudo 权限的作用是 root 将本来只能让超级用户执行的命令赋予普通用户，让普通用户代替超级用户执行相应的命令。

6.4.1 设置 sudo 权限

实际上，root 是通过修改/etc/sudoers 文件来为普通用户赋予执行超级用户才能执行的命令的，专用命令是 visudo，所以可以使用以下任何一条命令进入/etc/sudoers 文件的编辑模式：

[root@localhost~] # visudo

或

[root@localhost~] # vi /etc/sudoers

进入/etc/sudoers 的编辑模式就可以进行授权操作了。可以为某一用户授权，也可以为某一用户组授权。如为用户授权 sudo，使用如下格式：

用户名　执行命令的主机地址=(可使用的身份)授权命令 (绝对路径)

例 6.23 为用户 root 授予 sudo 权限，使其可以在任何主机上以任何身份执行任何命令。

首先，执行如下命令，进入文件/etc/sudoers 的编辑模式：

[root@localhost~] # visudo

然后，在文件/etc/sudoers 中添加如下条目后保存退出即可：

root   ALL=(ALL)   ALL

如果要为用户组授权 sudo，则可使用如下格式：

% 组名   执行命令的主机地址=(可使用身份)授权命令(绝对路径)

注意：为用户组赋予 sudo 命令，要以 "%" 开头。

例 6.24   为 wheel 用户组赋予 sudo 权限，使其成员可以在任何主机上以任何身份执行任何命令。

首先，执行如下命令，进入文件/etc/sudoers 的编辑模式：

[root@localhost~] # vi /etc/sudoers

然后，在文件/etc/sudoers 中输入(或修改为)如下条目后保存退出即可：

%wheel   ALL=(ALL)   ALL

6.4.2　执行 sudo 权限

首先，可以通过命令查看 root 授予自己的 sudo 权限的命令有哪些，其命令格式如下：

[yh@localhost~]$ sudo -l

执行 root 授予自己的 sudo 权限的命令格式：

[yh@localhost~]$ sudo 命令(绝对路径)[选项]

注意：执行 root 授予的 sudo 权限的命令，必须以 "sudo" 开头，命令必须使用绝对路径。

例 6.25   为 yh 用户赋予在任何主机上都可以重新启动系统的权限。

首先，进入文件/etc/sudoers 的编辑模式：

[root@localhost~] # visudo   #进入 vim 编辑器

接着修改/etc/sudoers 文件，赋予用户 yh 重启命令：

yh   ALL=/sbin/shutdown -r now

保存退出后，将当前用户切换为 yh：

[root@localhost~]# su yh   #切换用户为 yh

[yh@localhost~]$ sudo -l   #查看 yh 用户在本机的 sudo 权限

显示如下信息：

…

User yh may run the following commands on this host:

(root) /sbin/shutdown -r now

可见，用户 yh 在本机上具有执行 "/sbin/shutdown -r now" 命令的权限。可以执行如下命令完成关机操作：

[yh@localhost~]$ sudo /sbin/shutdown -r now

例 6.26   为用户 yh 赋予在 192.168.1.212 主机上使用 vim 命令的 sudo 权限。

首先，以 root 身份进入/etc/sudoers 文件编辑模式：

[root@localhost~] # visudo

接着修改/etc/sudoers 文件，赋予用户 yh 使用 vim 编辑器的权限：

Yh　192.168.1.212=/bin/vim

这表示用户 yh 必须在 192.168.1.212 主机上才能执行被赋予的 vim 命令。

注意：像"yh 192.168.1.212=/user/bin/vim"之类的 sudo 操作是非常危险的！该命令的作用是把在 192.168.1.212 这台主机上的 vim 命令执行权限赋予了 yh 用户，也就是说用户 yh 可以利用 root 的身份在 192.168.1.212 这台主机上执行 vim 命令，可以修改系统中的任何文件。(实际中不可取!)

习题与上机训练

6.1　举例说明 ACL 权限的作用。

6.2　查看本地/dev/sda1 分区是否开启 ACL。

6.3　为当前 Linux 系统的所有分区开启 ACL 权限。

6.4　设置用户 yh 对/tmp/acltest 目录的 ACL 权限，使其对该目录具有 rw 权限，并验证其正确性。

6.5　创建一个用户组 aclgroup，为该用户组 aclgroup1 设置对目录/tmp/acltest 的 rw 权限，并验证。

6.6　举例说明最大有效权限的作用。

6.7　举例说明递归 ACL 权限和默认 ACL 权限的作用。

6.8　SUID、SGID 和 SBIT 权限的作用是什么？在设置 SUID、SGID 和 SBIT 权限时需要注意哪些因素？

6.9　能否同时为某文件或目录赋予 SUID、SGID 和 SBIT 权限？其有效性如何？

6.10　请为/bin/cat 可执行文件同时赋予 SUID 和 SGID 权限。

6.11　请为/tmp/temp 目录同时赋予 SUID 和 SBIT 权限。

6.12　对文件而言，文件系统的 i 属性和 a 属性有什么异同？上机检验你的观点。

6.13　对目录而言，文件系统的 i 属性和 a 属性有什么异同？上机检验你的观点。

6.14　举例说明 sudo 权限的作用以及在执行 sudo 权限时需要注意的事项。

第 7 章　文件系统管理

本章学习目标

1. 熟悉 Linux 系统分区类型、命名规则以及文件系统的分区格式。

2. 熟练掌握文件系统常用命令和挂载命令的基本使用方法。

3. 熟练掌握光盘、U 盘的挂载方法。

4. 熟练掌握添加新磁盘以及磁盘分区、格式化、磁盘挂载的基本方法。

5. 熟悉/etc/fstab 文件的结构和主要内容,会对/etc/fstab 文件进行基本的修复。

6. 了解 swap 分区的作用,学会为 swap 分区增加容量。

7.1　Linux 系统分区和文件系统格式概述

7.1.1　Linux 系统分区

1. 分区类型

在安装 Linux 系统时，我们已经知道 Linux 系统分区有主分区、扩展分区和逻辑分区三种类型。主分区最多只能分 4 个，最后一个主分区作为扩展分区，所以划分扩展分区后，主分区就减少为 3 个，扩展分区不能存储数据，也不能格式化，只能用于划分逻辑分区。所有的逻辑分区都是从扩展分区中划分出来的，IDE 硬盘最多支持 59 个 Linux 逻辑分区，SCSI 硬盘最多支持 11 个 Linux 逻辑分区。SCSI 硬盘的 Linux 系统分区示意图如图 7-1 所示。

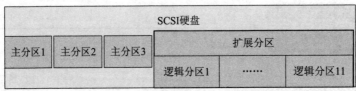

图 7-1　SCSI 硬盘 Linux 系统分区示意图

2. 分区的表示方法

每个分区都属于 Linux 系统设备，Linux 系统把所有的设备都视为文件来管理，所以每个分区都有相应的文件名。以 SCSI 硬盘为例，分区命名规则如表 7.1 所示。

表 7.1　Linux 系统分区命名规则(以 SCSI 硬盘为例)

分区设备名称	文件名	分区命名规则简要说明
主分区 1	/dev/sda1	所有的分区都存储在/dev 目录下，以/dev/sda1 分区为例，说明如下："sd"表示 SCSI 硬盘，"a"表示第一块 SCSI 硬盘，数字 1 表示第一块 SCSI 硬盘的第一个分区。分区必须顺序编号，但数字"1、2、3、4"只能顺序分配给主分区或扩展分区，逻辑分区必须从 5 开始编号，也就是说第一块 SCSI 硬盘的逻辑分区的文件名一定是 sda5
主分区 2	/dev/sda2	
主分区 3	/dev/sda3	
扩展分区	/dev/sda4	
逻辑分区 1	/dev/sda5	
⋮	⋮	
逻辑分区 11	/dev/sda11	

7.1.2　Linux 文件系统分区格式

把整个硬盘空间分割成一个个的分区后，必须先对分区进行格式化后才能使用，Linux 操作系统支持 ext2、ext3、ext4 等文件系统格式。

ext2 是早期的文件系统格式，比如 Hat Linux7.2 版本以前的 Linux 系统默认都是 ext2

文件系统, 支持的最大分区为 16 TB、最大文件为 2 TB(即, 单个分区的大小不超过 16 TB, 单个文件的大小不超过 2 TB)。ext3 是 ext2 的升级版本, 支持的最大分区和文件大小与 ext2 相同, 其最大优势是具备了日志功能, 当系统出现故障时, 管理员可以借助日志信息进行故障分析和排除。ext4 是 CentOS 6.3 的默认文件系统格式, ext4 在性能、伸缩性和可靠性方面做了大量的改进, 它最大支持 1EB(1 EB = 1024 PB = 1024 × 1024 TB)分区和 16 TB 文件, 支持不限量的子目录, 增加了 Extents 连续数据块概念、多块分配、延迟分配、持久预分配、快速 FSCK、日志校验、无日志模式、在线碎片整理、inode 增强、默认启用 barrier 等功能。

7.2　文件系统常用命令

7.2.1　文件系统常用命令

1. 文件系统查看命令 df

df(report file system disk space usage)命令的完整路径是/bin, 所有用户都可以使用, 其功能是统计系统分区的使用情况。其命令格式如下:

[root@localhost~]# df [选项] [挂载点]

选项说明:

-a: 显示所有文件系统信息, 包括特殊文件系统, 如/proc、/sysfs 等, 缺省情况下, 只显示主分区、逻辑分区、交换分区的使用情况。

-h: 使用习惯单位显示分区大小。

-T: 显示文件系统类型。

-m: 以 MB 为单位显示分区大小。

-k: 以 KB 为单位显示分区大小。

例 7.1　可用如下命令查看系统分区的使用情况, 显示结果中用合适的单位显示分区空间大小:

[root@localhost /]# df -h

执行结果:

Filesystem	Size	Used	Avail	Use%	Mounted on
/dev/sda5	17G	2.2G	14G	14%	/
tmpfs	499M	0	499M	0%	/dev/shm
/dev/sda1	194M	29M	155M	16%	/boot
/dev/sda2	2.0G	36M	1.8G	2%	/home

以第一个条目为例, 第一个逻辑分区/dev/sda5 的挂载点是根目录(\), 分区大小为 17 GB, 已用 2.2 GB, 可用空间还有 14 GB, 已使用空间占总分区空间的比例为 14%。

2. 文件大小统计命令 du

du(estimate file space usage)命令的完整目录是/usr/bin，所有用户都可以使用，其功能是估算文件在磁盘空间中的占用情况，通常用于目录。其命令格式如下：

[root@localhost~]# du [选项] 目录或文件名

选项说明：

-a：显示每个子文件的磁盘占用量，默认只统计子目录的磁盘占用量。

-h：使用习惯的单位显示磁盘占用量。

-s：统计总占用量，而不列出子目录和子文件的占用量。

例 7.2 可用如下命令查看目录/etc 所占分区总大小：

[root@localhost /]# du -hs /etc

28M /etc

用"du -sh /"命令统计的分区中被使用的磁盘空间要小于用"df -h"命令统计的被占用的磁盘空间，原因是：df 命令从文件系统的角度进行统计，不仅统计文件占用的空间，还要统计被系统程序和命令占用的空间，还有一些文件虽然删除了，但所占空间并没有释放，也要统计进去；而 du 命令是面向文件的，只统计文件和目录占用的空间。

小知识 "ls"命令在查看文件或目录时，也统计文件或目录的大小，但是对于目录，该命令只统计该目录下子文件名和子目录所占空间的大小，而不统计子文件内容所占的空间。

3. 文件系统检测修复命令 fsck

fsck(check and repair a Linux file system)命令的完整路径是/sbin，只有 root 用户有权限执行，其功能是检测和修复文件系统。

命令格式：

[root@localhost~]# fsck[选项] 分区设备文件名

选项说明：

-a：不用显示用户提示，自动修复文件系统。

-y：自动修复。和-a 作用一样，只是有些文件系统只支持-y。

Linux 在启动的时候，会自动修复文件系统，不需要手工执行该命令，也不建议执行该命令，除非非常必要！

4. 显示磁盘状态命令 dumpe2fs

dumpe2fs(dump ext2/ext3/ext4 filesystem information)命令的完整路径是/sbin，只有 root 用户有权限执行，其功能是显示超级块和块组信息，包括分区大小、占用情况、I 节点、挂载点等信息。

命令格式：

[root@localhost~]# dumpe2fs 分区设备文件名

7.2.2　挂载命令

Linux 系统中的挂载点就是一个目录，类似于 Windows 操作系统中的盘符，要访问设备文件，必须先在设备文件与挂载点之间建立联系，这个过程就是挂载。类似于 Windows 操作系统为磁盘、光驱分配盘符，挂载是为设备文件分配一个目录。硬盘在使用前由系统自动挂载，光盘、U 盘、移动硬盘在使用前必须手动挂载。挂载后，通过访问挂载点实现对存储设备的访问。

mount 命令的完整路径是/bin，所有用户都可以使用，其后所跟选项或参数不同其功能也不同，下面分别介绍。

1．挂载查询

挂载查询用于查询系统中已挂载的设备。

命令格式：

[root@localhost~]# mount [-l]

选项说明：

-l：显示卷标名称。

例 7.3　可用如下命令查看系统中已挂载的设备文件：

[root@localhost /]# mount

执行结果：

/dev/sda5 on / type ext4 (rw)

proc on /proc type proc (rw)

sysfs on /sys type sysfs (rw)

devpts on /dev/pts type devpts (rw, gid=5, mode=620)

tmpfs on /dev/shm type tmpfs (rw)

/dev/sda1 on /boot type ext4 (rw)

/dev/sda2 on /home type ext4 (rw)

可见，系统中已有 7 个设备文件被挂载到相应的挂载点(目录)，如/dev/sda5 分区的挂载点是根目录，分区格式是 ext4，拥有读写权限。

2．自动挂载

自动挂载使系统根据/etc/fstab 配置文件自动进行分区挂载。

命令格式：

[root@localhost~]# mount -a

当设置为自动挂载时，Linux 系统根据/etc/fstab 配置文件自动完成分区挂载。但是光盘、移动硬盘、U 盘等都不能配置为自动挂载，因为每次开机时，我们不能保证光驱里就有光盘、U 盘或移动硬盘等连接到系统，从而导致系统启动失败。

3．手动挂载

手动挂载是使用最多的一种挂载方式，系统根据用户当前设置的参数进行挂载。

命令格式：

[root@localhost~]# mount [-t 文件系统] [-l 卷标名] [-o] 设备文件名 挂载点

选项说明：

-t：指定挂载的文件系统类型，可以是 ext3、ext4 等，如果挂载的是光驱，则用 iso9660 文件系统，默认值是 ext4。

-l：指定卷标。

-o：特殊选项，可以是挂载的额外选项，多个额外选项之间用 "," 分隔，其含义如表 7.2 所示。

表 7.2　挂载命令 mount 额外选项的含义

参　数	说　　明
atime/noatime	访问分区文件时，是否更新文件的访问时间，默认为更新
async/sync	异步或同步，默认为异步
Auto/noauto	是否自动按照/etc/fstab 文件内容挂载，默认为自动
defaults	定义默认值，相当于 rw、suid、dev、exec、auto、nouser、async 这七个选项
exec/noexec	是否允许在文件系统中执行可执行文件，默认是允许
remount	重新挂载已挂载的文件系统以使所做的修改生效，一般用于指定修改特殊权限
rw/ro	文件系统挂载时，是否有读写权限，默认值是 rw
suld/nosuld	设定文件系统是否具有 SUID 和 SGID 权限，默认具有该权限
user/nouser	是否允许普通用户挂载，默认不允许，只有 root 可以挂载分区
usrquota	启用文件系统支持用户磁盘限额，默认不支持
grpquota	启用文件系统支持用户组磁盘限额，默认不支持

注：exec/noexec 和 remount 两个参数较为常用。

例 7.4　重新挂载/home 分区，使该分区不能执行可执行文件。

第一步，在/home 分区下创建一个可执行文件：

[root@localhost /]# cd /home

[root@localhost home]# vi remounttext.sh

输入如下文件内容：

#!/bin/bash

echo "Linux is a great operating system!"

[root@localhost home]# chmod 755 remounttext.sh

[root@localhost home]# ./remounttext.sh

Linux is a great operating system!　　#未重新挂载/home 分区前，文件可执行

第二步，重新挂载/home 分区，使其不能执行可执行文件：

[root@localhost home]# mount -o remount,noexec /home

[root@localhost home]# ./remounttext.sh

bash: ./remounttext.sh: 权限不够　　#重新挂载/home 分区后，文件不能执行了

[root@localhost home]# mount -o remount,exec /home　　#重新用 exec 挂载/home 分区

[root@localhost home]# ./remounttext.sh

Linux is a great operating system!　　　#remounttext.sh 又可以执行了

7.2.3　挂载光盘和 U 盘

1．挂载光盘

在读取光盘镜像文件的时候，必须要对光盘进行挂载。挂载光盘可按如下步骤进行：

第一步：建立挂载点。其实就是建立一个空目录，一般把光盘挂载在/mnt 目录下，这里我们在/mnt 目录下再建立子目录/cdrom 作为光盘挂载点，执行如下命令：

[root@localhost~]# mkdir /mnt/cdrom

第二步：把光盘放入光驱。对于虚拟机，就是在虚拟机设置中，选中单选按钮"使用 ISO 映像文件(M)"，同时选中复选框"已连接"。

第三步：挂载光盘。在/dev 目录下光盘有两个文件名，一个是/dev/sr0，另一个是/dev/cdrom。实际上，/dev/sr0 是实际的光盘设备文件名，/dev/cdrom 是/sr0 的软链接。所以将目录/mnt/cdrom 作为/dev/cdrom 或者/dev/sr0 的挂载点的效果是一样的。其中 iso9660 是光盘文件系统格式，是默认的，所以可以省略。执行下列命令：

[root@localhost~]# mount -t iso9660/dev/cdrom /mnt/cdrom/

或

[root@localhost~]# mount /dev/sr0 /mnt/cdrom

这样就可以访问光盘了，如显示光盘内容(执行命令：ls -l /mnt/cdrom)。

第四步：卸载光盘命令。光盘使用完了需要弹出。执行如下命令：

[root@localhost~]# umount /mnt/cdrom　　#把挂载点作为命令参数

或

[root@localhost~]# umount /dev/cdrom　　#把设备文件名作为命令参数

或

[root@localhost~]# umount /dev/sr0　　#把设备文件名作为命令参数

2．挂载 U 盘

Linux 系统中 U 盘的命名规则与硬盘相同，如果系统中有且只有一块硬盘，则 U 盘的设备文件名被识别为 sdb，若系统中已有两块硬盘，则 U 盘被识别为 sdc，依此类推。所以只要插入 U 盘，就可以检测到 U 盘的设备文件名。切记事先要把光标置在虚拟机，否则 U 盘不会被虚拟机检测，而被 Windows 系统识别。现在开始挂载。

第一步：把光标置在虚拟机内，插入 U 盘。

第二步：查看 U 盘的设备文件名。执行下列命令：

[root@localhost~]# fdisk -l

执行结果：

……

Device Boot	Start	End	Blocks	Id	System
/dev/sdb1	1	504	4042624	c	W95 FAT32 (LBA)

第三步：创建挂载点。执行下列命令：

[root@localhost~]# mkdir /mnt/sub

第三步：进行挂载。注意：U 盘的文件系统格式一般是 FAT32(vfat)，需要手工指定文件系统格式，从第二步可知 U 盘的文件名为/dev/sdb1。

[root@localhost~]# mount -t vfat /dev/sdb1 /mnt/usb

第四步：卸载 U 盘。执行下列命令：

[root@localhost~]# umount /dev/sdb1

7.3　磁盘分区与自动挂载

第 2 章我们学习了在 Linux 系统安装过程中如何对现有硬盘进行分区。那么，当系统有新增硬盘时，如何进行分区并实现自动挂载呢？本节将介绍 fdisk 分区、分区自动挂载以及 fstab 文件修复等内容。

7.3.1　硬盘分区

我们通过一个实例来介绍如何向系统添加新硬盘，并对该硬盘进行分区、格式化和磁盘挂载。

1. 添加新硬盘

就像为真实机添加新磁盘一样，需要先给虚拟机断电，才能为虚拟机添加新的硬盘。把需要添加新硬盘的虚拟机断电→单击"虚拟机"菜单→选择"设置"菜单项→单击"添加"按钮→选择"硬盘"→选择硬盘类型(这里选择 SCSI 硬盘)→设置硬盘大小(这里设置为 10 GB)→为硬盘命名(这里命名为"fdisktest")→单击"完成"按钮，这样就为虚拟机添加新硬盘了，但是该硬盘需要分区、格式化、挂载后才能使用。

2. 磁盘分区命令 fdisk

fdisk 命令的完整目录是/sbin，只有 root 用户才有权限执行，其功能为：一是查看系统中的磁盘数量及分区情况，二是进行磁盘分区。

查看硬盘分区使用如下命令格式：

[root@localhost~]# fdisk [选项]

选项说明(常用的选项是 l)：

l：以列表的方式显示分区信息。

例 7.5　可用如下命令查看当前 Linux 系统中的磁盘数量及分区情况：

[root@localhost ~]# fdisk -l

执行结果：

Disk /dev/sda: 21.5 GB, 21474836480 bytes

255 heads, 63 sectors/track, 2610 cylinders

Units = cylinders of 16065 * 512 = 8225280 bytes

Sector size (logical/physical): 512 bytes / 512 bytes

I/O size (minimum/optimal): 512 bytes / 512 bytes

Disk identifier: 0x000eff0e

Device Boot		Start	End	Blocks	Id	System
/dev/sda1	*	1	26	204800	83	Linux

Partition 1 does not end on cylinder boundary.

/dev/sda2	26	281	2048000	83	Linux

Partition 2 does not end on cylinder boundary.

/dev/sda3	281	441	1288192	82	Linux swap / Solaris

Partition 3 does not end on cylinder boundary.

/dev/sda4	441	2611	17429504	5	Extended
/dev/sda5	442	2611	17428480	83	Linux

Disk /dev/sdb: 10.7 GB, 10737418240 bytes

255 heads, 63 sectors/track, 1305 cylinders

Units = cylinders of 16065 * 512 = 8225280 bytes

Sector size (logical/physical): 512 bytes / 512 bytes

I/O size (minimum/optimal): 512 bytes / 512 bytes

可知，系统中有两块硬盘，第一块硬盘是/dev/sda，其容量是 21.5 GB，共有 5 个分区；第二块硬盘是/dev/sdb，是我们刚刚添加的名为 fdisktest 的硬盘，其容量是 10.7 GB，目前未对该硬盘分区。

进行硬盘分区使用如下命令格式：

[root@localhost~]# fdisk　硬盘文件名

例 7.6　可用如下命令对上述实验中添加的名为 fdisktest 的硬盘/dev/sdb 进行分区：

[root@localhost~]# fdisk　/dev/sdb　#执行分区命令

在如下提示符中输入相应命令完成磁盘分区：

……

Command (m for help): n　#输入指令 n，新建分区

Command action

　　e　　extended

　　p　　primary partition (1-4)

p　　#可以新建扩展分区和主分区。输入指令"p"新建主分区

Partition number (1-4): 1　#输入分区号"1"

First cylinder (1-1305, default 1): #输入起始柱面，若与默认值相同，可省略

Using default value 1

Last cylinder, +cylinders or +size{K,M,G} (1-1305, default 1305): +2G   #输入分区的最后一个柱面，或者在第一个柱面后扩大多大空间，这里输入 "+2G"，表示第一个分区大小为 2 GB

Command (m for help): n   #按类似方法新建第二个主分区

Command action

   e   extended

   p   primary partition (1-4)

p

Partition number (1-4): 2   #输入分区号 "2"

First cylinder (263-1305, default 263): #使用缺省起始柱面

Using default value 263

Last cylinder, +cylinders or +size{K,M,G} (263-1305, default 1305): +2G

Command (m for help): n #按类似方法新建第一个扩展分区

Command action

   e   extended

   p   primary partition (1-4)

e   #输入指令 e，新建扩展分区

Partition number (1-4): 3   #输入扩展分区号 "3"

First cylinder (525-1305, default 525):   #使用缺省起始柱面

Using default value 525

Last cylinder, +cylinders or +size{K,M,G} (525-1305, default 1305):

Using default value 1305   #使用缺省值，表示把全部剩余空间分配给扩展分区

Command (m for help): n   #按类似方法新建第一个逻辑分区

Command action

   l   logical (5 or over)

   p   primary partition (1-4)

l   #有了扩展分区后就可以划分逻辑分区了，输入指令 "1" 建立逻辑分区

First cylinder (525-1305, default 525):   #使用缺省的起始柱面

Using default value 525

Last cylinder, +cylinders or +size{K,M,G} (525-1305, default 1305): +2G

Command (m for help): n   #按类似方法新建第二个逻辑分区

Command action

   l   logical (5 or over)

   p   primary partition (1-4)

l   #输入指令 "1" 建立逻辑分区

First cylinder (787-1305, default 787):   #使用缺省的起始柱面

Using default value 787

Last cylinder, +cylinders or +size{K,M,G} (787-1305, default 1305):

Using default value 1305　　#使用缺省值，把剩余空间全部分配给第二个逻辑分区

Command (m for help): p　　#输入指令"p"，打印分区结果

Disk /dev/sdb: 10.7 GB, 10737418240 bytes

255 heads, 63 sectors/track, 1305 cylinders

Units = cylinders of 16065 * 512 = 8225280 bytes

Sector size (logical/physical): 512 bytes / 512 bytes

I/O size (minimum/optimal): 512 bytes / 512 bytes

Disk identifier: 0x4e37080e

#以下是分区结果：

Device Boot	Start	End	Blocks	Id	System
/dev/sdb1	1	262	2104483+	83	Linux
/dev/sdb2	263	524	2104515	83	Linux
/dev/sdb3	525	1305	6273382+	5	Extended
/dev/sdb5	525	786	2104483+	83	Linux
/dev/sdb6	787	1305	4168836	83	Linux

Command (m for help):　w　#保存分区结果，必须输入指令"w"保存后才能生效！

有时，在保存分区结果并退出分区过程时，系统会提示重启系统后，才能继续。为了避免重启系统浪费时间，我们执行如下命令，以强制从分区表中读取分区信息：

[root@localhost ~]# partprobe　　#强制从分区表中读取分区信息

[root@localhost ~]# fdisk –l　　#验证分区已生效

Disk /dev/sda: 21.5 GB, 21474836480 bytes

……

Device Boot	Start	End	Blocks	Id	System
/dev/sda1　　*	1	26	204800	83	Linux

Partition 1 does not end on cylinder boundary.

| /dev/sda2 | 26 | 281 | 2048000 | 83 | Linux |

Partition 2 does not end on cylinder boundary.

| /dev/sda3 | 281 | 441 | 1288192 | 82 | Linux swap / Solaris |

Partition 3 does not end on cylinder boundary.

| /dev/sda4 | 441 | 2611 | 17429504 | 5 | Extended |
| /dev/sda5 | 442 | 2611 | 17428480 | 83 | Linux |

Disk /dev/sdb: 10.7 GB, 10737418240 bytes

……

Device Boot	Start	End	Blocks	Id	System
/dev/sdb1	1	262	2104483+	83	Linux
/dev/sdb2	263	524	2104515	83	Linux

/dev/sdb3	525	1305	6273382+	5	Extended
/dev/sdb5	525	786	2104483+	83	Linux
/dev/sdb6	787	1305	4168836	83	Linux

在上述分区过程中使用了很多指令，每条指令的含义及功能详见表 7.3。

表 7.3　分区过程中用到的相关指令的含义及功能

指令名称	含义及功能说明
a	设置可引导标志
b	编辑 bsd 磁盘标签
c	设置 DOS 操作系统兼容标记
d	删除一个分区
l	显示已知的文件系统类型。82 为 Linux swap，83 为 Linux 分区
m	显示帮助菜单
n	新建分区
o	建立空白 DOS 分区表
p	显示分区列表
q	不保存退出
s	新建空白 SUN 磁盘标签
t	改变一个分区的系统 ID
u	改变显示记录单位
v	验证分区表
w	保存退出
x	附加功能(仅专家)

到此，磁盘分区就完成了，接下来需要对分区进行格式化。

3．重新读取分区表命令 partprobe

partprobe 命令的完整路径是/sbin，只有 root 用户有权限执行，其功能是强制读取分区表信息，而不需要重启系统。

命令格式：

[root@localhost~]# partprobe

该命令的具体使用方法参考例 7.6。

4．分区格式化

mkfs(build a linux filesystem)命令用于格式化系统分区。

命令格式：

[root@localhost~]# mkfs [选项] 磁盘分区文件名

选项说明：

t：指定文件系统格式，如 ext3、ext4 等。

注意：这里指的是磁盘分区文件名，而不是磁盘文件名，另外，只有主分区和逻辑分区才能被格式化，而扩展分区是不能被格式化的。下面举例说明该命令的使用方法：

例 7.7 可用如下命令对例 7.5 中的分区进行格式化(系统格式为 ext4)：

[root@localhost~]#mkfs -t ext4 /dev/sdb1

用类似的方法对其他 3 个分区进行格式化

5．创建挂载点并完成挂载

如前所述，创建挂载点，其实就是建立新的空目录；磁盘挂载就是在分区文件和挂载点之间建立联系，举例如下：

例 7.8 对例 7.5 中的分区进行挂载。

第一步，创建四个新目录，即四个挂载点：

[root@localhost~]# mkdir /myroot

[root@localhost~]# mkdir /myhome

[root@localhost~]# mkdir /mybook

[root@localhost~]# mkdir /myfile

第二步，挂载四个分区：

[root@localhost~]# mount /dev/sdb1 /myroot

[root@localhost~]# mount /dev/sdb2 /mybook

root@localhost~]# mount /dev/sdb5 /myhome

[root@localhost~]# mount /dev/sdb6 /myfile

第三步，查看分区挂载信息：

[root@localhost ~]# df -h

执行结果：

Filesystem	Size	Used	Avail	Use%	Mounted on
/dev/sda5	17G	2.2G	14G	14%	/
tmpfs	499M	0	499M	0%	/dev/shm
/dev/sda1	194M	29M	155M	16%	/boot
/dev/sda2	2.0G	36M	1.8G	2%	/home
/dev/sr0	4.2G	4.2G	0	100%	/mnt/cdrom
/dev/sdb1	2.0G	68M	1.9G	4%	/myroot
/dev/sdb2	2.0G	68M	1.9G	4%	/myhome
/dev/sdb5	2.0G	68M	1.9G	4%	/mybook
/dev/sdb6	4.0G	72M	3.7G	2%	/myfile

可以看出新添加的磁盘的四个分区已全部挂载，现在可以使用这些磁盘了。

综上所述，要利用一个新的磁盘，需要经过添加磁盘(断电添加)、磁盘分区(fdisk)、分区格式化(mkdir)、磁盘挂载(mount)等四个环节后才能正常使用。

但是，这里所讲的磁盘挂载方式是暂时生效的，系统不保存相关信息，每次系统启动后，需要重新手工挂载才能使用，这显然是不合理的。如果要永久生效，就需要通过修改 /etc/fstabl 配置文件来实现磁盘自动挂载。

7.3.2 /etc/fstab 文件

/etc/fstab 文件是启动系统时所需的重要文件，其中记录着磁盘挂载的重要信息，系统启动时从中读取相关信息完成磁盘挂载，若所记录信息不正确，就会导致系统启动失败，所以在修改/etc/fstab 文件内容时，需要格外谨慎。

1. 磁盘自动挂载

我们只要将挂载信息写入/etc/fstab 配置文件，就能在系统启动时实现磁盘自动挂载。那么如何将磁盘挂载信息写入该文件呢？我们执行如下命令，先来研究一下/etc/fstab 文件的结构和主要内容：

[root@localhost ~]# cat /etc/fstab

执行结果：

……

```
UUID=21ddb085-f7fe-4ce9-8933-e87a101a0294   /          ext4      defaults   1  1
UUID=c6765a19-0260-4ea5-ade2-5fb47b4b09fa   /boot      ext4      defaults   1  2
UUID=52494eb9-662d-4c5d-bbe4-72c94b807f0d   /home      ext4      defaults   1  2
UUID=5b5ee917-0e9b-429c-9fc9-ed34bce5415a   swap       swap      defaults   0  0
tmpfs                                        dev/shm    tmpfs     defaults   0  0
devpts                                       /dev/pts   devpts    gid=5,mode=620 0  0
sysfs                                        /sys       sysfs     defaults   0  0
proc                                         /proc      proc      defaults   0  0
```

可知，/etc/fstab 文件的主体部分由一条条的记录构成，每条记录由 6 个字段来描述。各字段的含义如下：

第 1 个字段：分区设备文件名或 UUID(硬盘通用唯一识别码)。

第 2 个字段：挂载点。

第 3 个字段：文件系统格式，如 ext3、ext4 等。

第 4 个字段：挂载参数(default 表示使用默认参数)。

第 5 个字段：指定分区是否被 dump(备份命令)备份，"0"表示不备份，"1"表示每天备份，"2"表示不定期备份。每个分区的挂载点都有一个 lost+found 目录，用来保存分区备份信息。

第 6 个字段：指定分区是否被 fsck(文件系统修复命令)检测，"0"表示不检测，其他数字表示检测的优先级，哪个分区的优先级小就先检测哪个分区。

所以我们主要将磁盘挂载信息按"分区文件名或 UUID 挂载点 文件系统格式 挂载参数 是否被 dump 命令备份 是否被 fsck 命令检测"格式写入/etc/fstab 文件，就可以实现自动挂载。那么到底用分区文件名还是用 UUID 呢？UUID 是系统为硬盘分配的通用唯一识别码，即使分区设备文件名被修改了，相应的 UUID 不会改变，所以使用 UUID 会更加安全可靠。执行 dumpe2fs 命令可以获得分区设备的 UUID，如下面命令获得分区/dev/sdb1 的 UUID：

[root@localhost ~]# dumpe2fs -h /dev/sdb1

dumpe2fs 1.41.12 (17-May-2010)

Filesystem volume name:　　<none>

Last mounted on:　　<not available>

Filesystem UUID:　　059ff912-c638-42bb-a7cb-e8f093c55cb8 #这就是分区
　　　　　　　　　　/dev/sdb1 的 UUID

······

下面通过实例讲解磁盘自动挂载的方法：

例 7.9　将/dev/sdb1、/dev/sdb2、/dev/sdb5 和/dev/sdb6 四个分区的挂载信息写入/etc/fstab 配置文件，使系统启动时自动挂载。

执行如下命令，进入/etc/fstab 文件的编辑模式：

[root@localhost~]# vim /etc/fstab

写入如下条目(这里使用分区文件设备名)：

/dev/sdb1	/myroot	ext4 defaults	1	2
/dev/sdb2	/myhome	ext4 defaults	1	2
/dev/sdb5	/mybook	ext4 defaults	1	2
/dev/sdb6	/myfile	ext4 defaults	1	2

将挂载信息输入/etc/fstab 文件后，保存退出。为了避免系统重启失败，先不要急于重启系统，而应该先执行"mount -a"命令，如果不能正确执行，则说明/etc/fstab 文件内容有错误，修改/etc/fstab 文件内容；如果能正确执行则说明配置正确。

用 reboot 命令重启系统，利用 mount 或 df -h 命令查看挂载结果：

[root@localhost ~]# df -h

Filesystem	Size	Used	Avail	Use%	Mounted on
/dev/sda5	17G	2.2G	14G	14%	/
tmpfs	499M	0	499M	0%	/dev/shm
/dev/sda1	194M	29M	155M	16%	/boot
/dev/sda2	2.0G	36M	1.8G	2%	/home
/dev/sdb1	2.0G	68M	1.9G	4%	/myroot
/dev/sdb2	2.0G	68M	1.9G	4%	/myhome
/dev/sdb5	2.0G	68M	1.9G	4%	/mybook
/dev/sdb6	4.0G	72M	3.7G	2%	/myfile

可知，磁盘可以自动挂载了。

2．/etc/fstab 文件修复

如果/etc/fstab 配置文件的挂载条目写入错误或遭到破坏，系统有可能在开机自动挂载时被挂掉！这时需要进行/etc/fstab 文件修复。下面用实例说明文件修复过程。

第一步，设置错误(为了进行实验，专门设置的错误)。将挂载条目中的"/dev/sdb5"撰改为"/dev/sdb"，保存退出，重启(reboot)系统，会出现如图 7-2 所示的错误信息。

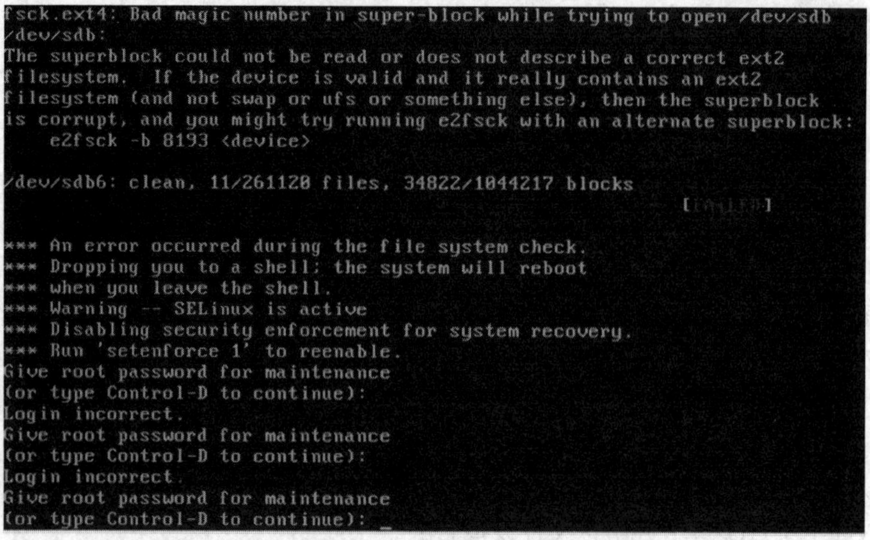

```
fsck.ext4: Bad magic number in super-block while trying to open /dev/sdb
/dev/sdb:
The superblock could not be read or does not describe a correct ext2
filesystem. If the device is valid and it really contains an ext2
filesystem (and not swap or ufs or something else), then the superblock
is corrupt, and you might try running e2fsck with an alternate superblock:
    e2fsck -b 8193 <device>

/dev/sdb6: clean, 11/261120 files, 34822/1044217 blocks
                                                                    [确定]

*** An error occurred during the file system check.
*** Dropping you to a shell; the system will reboot
*** when you leave the shell.
*** Warning -- SELinux is active
*** Disabling security enforcement for system recovery.
*** Run 'setenforce 1' to reenable.
Give root password for maintenance
(or type Control-D to continue):
Login incorrect.
Give root password for maintenance
(or type Control-D to continue):
Login incorrect.
Give root password for maintenance
(or type Control-D to continue):
```

图 7-2 由于/etc/fstab 配置信息错误，系统启动时报错

第二步，按系统提示，在提示符下输入 root 密码，进行文件修复。

这样，可以以 root 身份进入系统，但是，当执行"vim /etc/fstab"命令进行文件编辑时，提示该文件为只读文件，不能被修改，这是因为系统报错后，在重新挂载时只赋予了只读权限。

第三步，输入如下命令重新挂载整个根目录为"rw"权限：

[root@localhost~]# mount -o remount,rw /

第四步，重新执行"vim /etc/fstab"命令进行文件修复。修改错误条目：把"/dev/sdb"修改为"/dev/sdb5"，保存退出 reboot 系统，完成文件修复。

注意：对于通过修复/etc/fstab 来解决类似问题，并不是万能的，如果 root 分区遭到类似攻击，那么系统就会彻底挂掉，连修复的机会都没有了。

7.4 分配 swap 分区

swap 分区就是通常所说的交换分区，其作用是在系统物理内存不够用时，按照某种存储管理策略，把内存中的一部分程序或数据暂存到 swap 分区，这样，就从内存中释放出一部分空间，来供当前运行的程序使用，当程序运行结束后，再将 swap 分区中保存的程序或数据恢复到内存中。

swap 分区空间多大才算合适呢？分配的太多会浪费磁盘空间，太少则会发生错误。计算机在运行程序时，如果物理内存用尽，则系统运行速度会变慢，但仍能运行；如果 swap 分区用尽了，系统就会发生运行错误。通常情况下，swap 空间应大于等于物理空间，最小不应小于 64 MB，具体分配时要根据服务器所运行的不同应用，为 swap 分区分配不同大小的磁盘空间。

7.4.1　查看 swap 分区容量

要为 swap 分区分配磁盘空间，首先应了解目前 swap 空间大小及使用情况。查看 swap 分区大小的命令较多，这里介绍 free 命令的使用方法。

free 命令的完整路径是/bin，任何用户都可以执行该命令，其功能是查看内存和 swap 分区容量及使用情况。

命令格式：

[root@localhost~]#free [-b | -m | -g]

选项说明：

b、m 和 g：分别以 B、MB 或 GB 为存储单位，查看内存和 swap 交换分区的容量。

例 7.10　查询本机内存、swap 分区大小及使用情况，要求以 MB 为单位显示容量大小。

执行如下命令：

root@localhost ~]# free -m

执行结果：

	total	used	free	shared	buffers	cached
Mem:	996	173	823	0	21	53
-/+ buffers/cache:		98	898			
Swap:	1257	0	1257			

可知，内存(Mem)总大小为 996 MB，已用空间 173 MB，可用空间 823 MB，共享空间 0 MB，缓存大小为 21 MB，缓冲大小为 53 MB，swap 总大小为 1257 MB，目前没有使用。

free 命令的显示信息中有两个主要参数 cached(缓存)和 buffer(缓冲)。

cached(缓存)：从内存中分出来的一块专用存储区域，用于缓存从硬盘中读取出来的数据，这样当需要再次使用这些数据时，就不需要从硬盘中重复读取数据了，从而加速了读取速度。

Buffer(缓冲)：从内存中分出来的一块专用存储区域，把需要写入硬盘的零散数据暂存在该区域，当数据量达到一定程度时再集中写入硬盘，从而减少了对硬盘的写入时间。

7.4.2　配置 swap 分区

配置 swap 分区也要经历分区、格式化、挂载三个步骤，下面举例说明。

例 7.11　为 swap 增加 1 GB 大小的空间。

第一步，执行如下命令，新建一个 1 GB 大小的逻辑分区(注意：硬盘必须要有可分配的空间)：

[root@localhost ~]# fdisk /dev/sdb　#具体分区过程参见 7.3 节

第二步，把创建的逻辑分区的 ID 号改为 82，使其成为 swap 分区，主要过程如下：

Command (m for help): t　　#输入指令 "t" 修改分区 ID 号

Partition number (1-7): 6　　#输入要修改分区 ID 号的分区号，这里是 "6"

Hex code (type L to list codes): 82　#输入 swap 分区的 ID 号 "82"，可以通过指令 "L" 获得各种分区类型的 ID 号

Changed system type of partition 7 to 82 (Linux swap / Solaris)　#分区变为 swap 分区

Command (m for help): w　#保存退出

第三步，重启系统，重载分区表(注意：强制重载分区表命令 partprobe 对 swap 分区无效)。

第四步，输入如下命令，格式化 swap 分区(注意格式化 swap 分区使用 mkswap 命令)：

[root@localhost ~]# mkswap /dev/sdb6

第五步，把分配给 swap 分区的空间加入到原来 swap 空间：

[root@localhost ~]# swapon /dev/sdb6

用 free 命令可以查看到 swap 分区变大了。如果认为 swap 分区过大，则可以使用如下命令，把新增加的空间分离出来：

[root@localhost ~]# swapoff /dev/sdb6

同样，手工加载的空间，当重启系统时就会失效，所以需要通过编辑/etc/fstab 文件实现开机自动挂载，将如下条目写入该文件保存退出即可：

/dev/sdb6　　swap　　swap　　defaults　0　　0

这样就完成了 swap 分区大小的配置。

习题与上机训练

7.1　Linux 系统主要有哪些分区类型？简述系统分区文件命名规则。

7.2　CentOS 6.5 文件系统的分区格式是什么？有什么特征？

7.3　查看设备文件中已挂载的设备文件有哪些？指出各设备文件的挂载点。

7.4　重新挂载/home 分区，使该目录下的可执行文件不能执行(实验结束后恢复原始设置)。

7.5　举例说明光盘挂载过程包括哪几个步骤。

7.6　举例说明 U 盘挂载需要注意的事项。

7.7　在现有 Linux 系统中添加一块新的 SCSI 磁盘，并对磁盘进行分区，要求创建两个主分区和两个逻辑分区，两个主分区的磁盘空间大小均为 2 GB，一个逻辑分区的空间大小为 2 GB，磁盘剩余空间全部分配给另一个逻辑分区。

7.8　对习题 7.7 中的四个磁盘分区进行格式化，要求文件系统格式为 ext4 格式。

7.9　对习题 7.8 中已格式化的四个分区进行挂载，并查验挂载信息。

7.10　/etc/fstab 文件的主要作用是什么？简述该文件主要内容的文件结构及各字段的含义。

7.11　通过编辑/etc/fstab 文件，实现习题 7.7 中四个磁盘分区的自动挂载。

7.12　由于/etc/fstab 文件中挂载条目信息错误，导致系统启动失败时，应如何修复/etc/fstab 文件？

7.13　swap 分区的作用是什么？举例说明如何增加 swap 分区的容量。

第 8 章　Shell 基础知识

本章学习目标

1. 熟练掌握 vim 编辑器的基本使用方法。

2. 熟练掌握 Shell 脚本程序基本编写规范和执行方式。

3. 熟悉 Linux 历史命令、命令补全功能、命令别名、常用快捷键、输入输出重定向、多条命令执行、管道符、通配符与特殊符号等 Bash 基本功能。

4. 熟练掌握变量的基本概念、变量类型、变量的声明与变量的引用。

5. 熟练掌握 Shell 输入输出命令以及常用的运算符号。

6. 熟悉环境变量配置文件的作用，熟练掌握配置文件的调用过程。

8.1 vim 编辑器

vim 是 Linux/Unix 系统中最常用的多模式文本编辑器，是 vi 编辑器的升级版本，是编辑配置文件、简单 Shell 程序的常用工具。相对于 vi 编辑器，vim 具有多级撤销、适用性强(适用于 Unix、Linux 和 Windows 等平台)、颜色设置功能、可视化(运行于 Windows 平台时可以可视化编辑)等特征。

8.1.1 vim 工作模式

vim 的三种工作模式分别是命令模式、插入模式和编辑模式。命令模式下，用户只能查看所编辑的文本，而不能对其进行修改；插入模式下，用户可以编辑、修改文本内容；编辑模式下，用户暂时离开对正文的查看和修改，执行其他命令。

命令模式可以与插入模式相互切换，也可以与编辑模式相互切换，但插入模式和编辑模式不能直接相互切换，必须返回到命令模式后，从命令模式切换到插入模式或编辑模式。

在提示符下输入命令"vim 文件名称"，则进入该文件的命令模式；在命令模式下按"a"、"o"或"i"键，则切换到插入模式，进入插入模式后，编辑器底端会显示"INSERT"提示信息；在插入模式下，按"Esc"键，则切换到命令模式；在命令模式下，按"："键，则切换到编辑模式，进入编辑模式后，编辑器底端会出现"："符号，其后有光标闪烁，等待用户输入命令，用户输入命令后按回车键，命令开始执行，同时切换到命令模式，如输入"set nu"命令，则会给文本内容加上行号，并返回到命令模式，也可以按"Esc"键返回命令模式，但如果输入"wq"之类的命令，系统就保存文本并直接退出编辑器。vim 三种模式之间的切换示意图如图 8-1 所示。

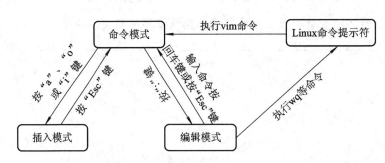

图 8-1 vim 三种模式之间相互切换的示意图

例 8.1 新建一个名为 vimtest 的文本文件，在文件中随意输入一些内容，并插入行号。

第一步，执行如下命令，新建 vimtest 文件，并进入文件的命令模式：

[root@localhost ~]# vim vimtest

第二步，按"a"、"o"或"i"键，切换到插入模式，并输入以下文本：

Hello vim！

I am big fan of you.

第三步，按"Esc"键退出插入模式，然后按"："键进入编辑模式。

第四步，在编辑模式下，输入"set nu"命令，为文本加上行号，同时返回命令模式。

第五步，在命令模式下按"："键，再次进入编辑模式，输入"wq"命令保存文本同时退出 vim 编辑器。

这样，vimtest 文本文件就生成了，用下面的命令可以查看该文件内容：

[root@localhost ~]# cat vimtest -n

   1   Hello vim！

   2   I am big fan of you.

8.1.2 vim 基本命令

1．插入命令

插入命令共有"a"、"A"、"i"、"I"、"o"和"O"六个，这六个命令必须在命令模式下使用，其含义和功能见表 8.1。

表 8.1 vim 插入命令的含义及功能

命令	含义及功能	命令	含义及功能
a	在光标所在字符后插入	I	在光标所在行首插入
A	在光标所在行尾插入	o	在光标所在行的下一行插入新行
i	在光标所在字符前插入	O	在光标所在行的上一行插入新行

2．定位命令

在编辑大文件时，经常需要在文件中加入行号并进行快速定位，vim 编辑器定位命令及功能如表 8.2 所示。

表 8.2 vim 定位命令的含义及功能

命令	含义及功能	运行模式	命令	含义及功能	运行模式
set nu	在文件中设置行号	编辑模式	nG	定位到第 n 行	命令模式
set nonu	在文件中取消行号	编辑模式	n	定位到第 n 行	编辑模式
gg	定位到第一行	命令模式	$	定位到光标所在行的行尾	命令模式
GG	定位到最后一行	命令模式	O	定位到光标所在行的行首	命令模式

3．删除命令

vim 中的删除命令可以一次删除一个字符或多个字符，也可以一次删除一行或多行，也可以一次删除指定范围的行，具体删除命令及功能如表 8.3 所示。

表 8.3　vim 删除命令的含义及功能

命令	含义及功能	运行模式	命令	含义及功能	运行模式
x	删除光标所在处的字符	命令模式	dG	删除光标所在行及至文件末尾的所有内容	命令模式
nx	删除光标所在处的后 n 个字符	命令模式	D	删除光标所在处至行尾的所有内容	命令模式
dd	删除光标所在行	命令模式	n1, n2d	删除n1 行至 n2 行的所有内容	编辑模式
ndd	删除光标所在处的后 n 行	命令模式			

4. 复制、剪切和粘贴命令

vim 中的复制、剪切与粘贴命令如表 8.4 所示。

表 8.4　vim 复制、剪切与粘贴命令的含义及功能

命令	含义及功能	运行模式	命令	含义及功能	运行模式
yy	复制当前行	命令模式	ndd	剪切当前行以下的 n 行(包括当前行)	命令模式
nyy	复制当前行以下的 n 行(包括当前行)	命令模式	p	粘贴到当前行的下一行	命令模式
dd	剪切当前行	命令模式	P	粘贴到当前行的上一行	命令模式

5. 替换和撤销命令

vim 中有专门的替换和撤销命令，其功能如表 8.5 所示。

表 8.5　vim 替换和撤销命令的含义及功能

命令	含义及功能	运行模式
r	取代光标所在处的字符，先按"r"键，紧接着输入正确字符即可	命令模式
R	从光标所在处开始替换字符，直到按下"Esc"键结束	命令模式
u	取消上一步的操作	命令模式

6. 字符串查找与替换命令

vim 中字符串查找与替换命令及其功能如表 8.6 所示。

表 8.6　vim 字符串查找与替换命令的含义及功能

命 令	含义及功能	运行模式
"/"+字符串	查找指定的字符串	命令模式
n	与第一条命令配合使用，查找指定字符串出现的下一个位置	命令模式
set ic	忽略大小写	编辑模式
set noic	区分大小写	编辑模式
%s/old_string/new_string /g 或 c	全文替换(命令中"g"表示在替换时不询问，"c"表示要询问确认)	编辑模式
n1, n2s/ old_string /new_string/g 或 c	在指定范围内全文替换(命令中"g"表示在替换时不询问，"c"表示要询问确认)	编辑模式

7. 保存和退出命令

vim 中保存和退出命令及其功能如表 8.7 所示。

表 8.7　保存和退出命令的含义及功能

命　令	含义及功能	运行模式
w	保存修改	编辑模式
w new_filename	用指定文件名另存文件	编辑模式
Wq	保存并退出	编辑模式
zz	保存修改并退出的快捷键	编辑模式
q!	不保存退出	编辑模式
wq!	保存修改并退出(当文件的所有者或 root 用户对文件没有写权限时，可以使用该命令强制保存并退出)	编辑模式

8. 导入命令执行结果或文件内容

在编辑模式下，如果某条命令有可视的执行结果，则可以将命令的执行结果导入到当前文件光标所在位置，其格式为 "r! 命令"；如果要导入文件内容，则直接执行 "r 文件名" 命令，下面举例说明。

例 8.2　把当前文件系统中各分区空间使用情况追加到 vimtest 文件中。

第一步：用 vim 打开 vimtest 文件，并把光标移动到文件末尾。

第二步：在编辑模式下，执行 "r !df -h" 命令。

也就是说，在 vim 的编辑模式下可以通过 "r ! 命令" 的方式来执行 Linux 命令。

8.2　Shell 与 Shell 脚本

8.2.1　Shell 简述

Shell 是 Linux/Unix 的一个命令行解释器，它为用户提供与系统内核进行信息交互的接口。Shell 把用户输入的命令解释为内核可识别的指令进行执行，然后把执行结果经 Shell 解释为用户可识别的符号显示出来。Shell 是一个功能强大的编程语言，有自己的编程语法，也可以直接调用 Linux/Unix 系统命令。用户可以利用 Shell 编写具有特定功能的 Shell 脚本程序。

Shell 的种类较多，目前 Linux 使用的基本 Shell 就是 Bourne Shell 下的 bash(Linux 支持的 Shell 都保存在/etc/shells 文件中)。本章我们以 bash 为例，介绍 Shell 脚本编程基础。

8.2.2　Shell 脚本执行方式

1. 编写 Shell 脚本的基本规范

在编写 Shell 脚本程序时要遵循如下基本规范：

- Linux 系统中，文件是不需要扩展名的，但为了方便用户管理和使用，我们习惯用".sh"作为 Shell 脚本文件名的后缀。

- 在程序第一行输入"#！/bin/bash"，表示执行该 Shell 脚本程序时用的解释器是"/bin/bash"，当然，如果用的是其他解释器，则替换为相应的解释器即可。需要注意的是：这里的"#"不是注释，它和"！"一起用来声明该脚本程序所用的解释器。

- 用简明的语言概括所编写程序要完成的功能、编写日期、作者信息等，可以根据内容分行输入，但必须用"#"加以注释，当然这些内容不是必需的。

- 输入程序指令，并做必要的注释。

2．编写第一个 Shell 脚本程序

第一步，输入如下命令，进入 vim 编辑器：

[root@localhost shelltest]# vim HelloLinux.sh

第二步，在打开的 HelloLinux.sh 文件中输入如下内容，并保存退出：

#!/bin/bash

Hello Linux!

author:yh

date:2018.8.10

echo 'Hello Linux!'

这样，就创建了第一 Shell 脚本程序文件 HelloLinux.sh，该程序的解释器是/bin/bash，程序名称是"Hello Linux！"，作者是 yh，编写日期是 2018.8.10，程序功能是向屏幕输出"Hello Linux！"。

3．Shell 脚本的执行方式

Shell 脚本的执行方式有两种，可以通过 bash 命令来执行，也可以赋予用户执行权限，直接运行相应的 Shell 脚本。

- 通过 bash 命令调用执行，其格式是：bash 脚本程序名，如：

[root@localhost /]# bash /tmp/shelltest/helloLinux.sh

hello Linux!

- 赋予执行权限，直接执行，如：

[root@localhost /]# chmod 755 /tmp/shelltest/helloLinux.sh

[root@localhost /]# /tmp/shelltest/helloLinux.sh

Hello Linux!

4．DOS 脚本与 Unix 脚本的相互转换

Windows 下编写的 Shell 脚本往往不能在 Linux 系统下正常执行，其原因之一是有些不可见的字符，如回车符，在 Linux 与 Windows 之间不相互兼容，在运行脚本时，往往会出现类似"-bash: ./helloLinux.sh: /bin/bash^M bad interpreter"这样的提示信息，这时需要将DOS 格式的脚本转换为 Unix 格式的脚本，可以有两种方法实现脚本转换：

- 利用 dos2Unix 命令，如：

[root@localhost shelltest]# dos2unix ./helloLinux.sh

dos2unix: converting file ./helloLinux.sh to UNIX format ...　#转换成了 Unix 格式的脚本

当然，也可以用 unix2dos 命令把 Unix 格式的 Shell 脚本转换为 DOS 格式的 Shell 脚本。

• 在 vim 编辑器的编辑模式下，输入"set ff=unix"或"set ff=dos"命令，进行格式转换。

8.3　Bash 基本功能

8.3.1　Linux 历史命令和命令补全

Linux 中，每个用户的家目录下都有一个隐藏文件.bash_history，该文件自动保存用户使用过的所有历史命令，系统默认最多保存 1000 条，这个值可以通过编辑环境变量配置文件/etc/profile 的相关条目来修改，当命令条数超过最大值 1000 时，淘汰最先使用过的命令。下面介绍对历史命令的查看、保存和利用。

任何用户都可以执行 history 命令来查看自己的历史命令，也可以手动将使用过的命令写入自己的.bash_history 文件或其他文件。

1. 查看、清除历史命令

history 命令用来查看、清除自己的历史命令。

命令格式：

[root@localhost ~]# history　　[选项][参数]

参数说明：

N：第 N 条历史命令，缺省参数表示全部命令。

选项说明：

c：清除全部历史命令。

d：与参数 N 配合使用，表示清除第 N 条历史命令。

缺省选项时，用于查看历史命令。

例 8.3　可用如下命令查询历史命令中的第 10 条命令：

[root@localhost ~]# history 10

例 8.4　可用如下命令删除历史命令中的第 100 条命令：

[root@localhost ~]# history -d 100

2. 保存历史命令

history 命令的另一个功能是将历史命令保存到.bash_history 或指定文件中。

命令格式：

[root@localhost ~]# history [-a | -w] [文件名]

选项说明：

a：只保存相对于.bash_history 文件的新增命令。

w：保存.bash_history 文件中的已有命令和新增命令。

Linux 并不会立即把执行过的命令保存到.bash_history 文件中，可以使用该命令把执行过的命令保存到指定文件中，默认保存到.bash_history 文件中。

3．调用历史命令

有些命令书写起来较复杂，这时可以调用历史命令。

(1) "!!" 命令用来重复执行前一条命令。

命令格式：

[root@localhost ~]# !!

(2) "!String" 命令用来调用最近执行过的以 String 字符串开头的命令。

命令格式：

[root@localhost ~]# ! String

如要执行最近执行过的以 "ls" 字符串开头的命令，可执行如下命令：

[root@localhost ~]# ! ls

(3) "!N" 命令用来执行历史命令中的第 N 条命令。

如要调用第 100 条命令，可执行如下命令：

[root@localhost ~]# !100

4．命令和文件补全

在输入命令或文件、目录时，可以利用 Tab 键的补全功能将命令或文件、目录名称补充完整。例如，当用户输入 "his" 字符串后，再按 Tab 键，这时如果以 "his" 开头的命令具有唯一性，则会把该命令补全，如 "history"，如果以 "his" 开头的命令不唯一，则再按 Tab 键，系统会列出以 "his" 开头的所有命令。Tab 键对于文件和目录也具有类似的功能，使用 Tab 键的补全功能，可以为命令、文件的输入提供极大方便。

8.3.2　命令别名和快捷键

所谓命令别名，就是为长命令或复杂命令定义一个较简单的名称，通过执行别名来达到与执行原命令同样的效果。

1．命令别名

• 查看已定义的别名使用如下命令格式：

[root@localhost ~]# alias

• 定义命令别名使用如下命令格式：

[root@localhost ~]# alias 命令别名='原命令'

例 8.5　可用如下命令为命令 "yum -y install" 定义别名为 "yum"：

[root@localhost ~]# alias yum='yum -y install'

这样，命令 yum unix2dos 的功能就相当于执行命令 yum -y install unix2dos。如·

[root@localhost ~]# yum unix2dos

• 删除命令别名使用如下命令格式：

[root@localhost ~]# unalias　别名

当然也可以通过编辑用户的.bashrc 文件来删除。

使用命令别名需要注意的事项：

• 定义新的别名时，要慎重为命令别名命名，避免新定义的别名把原来命令的功能覆盖了。

• 当有名称相同的命令和命令别名时，优先执行如下顺序：首先是带路径的命令，其次是命令别名，再次是 Bash 内部命令，然后是$PATH 环境变量中定义的第一个名称相同的命令。

• 通过命令行定义的命令别名只能临时生效，要永久生效，就需要将命令别名的定义写入.bashrc 文件。每个用户都有一个.bashrc 文件在自己的家目录下，如：root 用户的.bashrc 是/root/.bashrc。

2．Bash 常用的快捷键

Bash 中常用的快捷键及功能如表 8.8 所示。

表 8.8　Bash 中常用的快捷键及功能

转义控制字符	功　能　描　述
Ctrl+A	把光标移动到命令行开头
Ctrl+E	把光标移动到命令行末尾
Ctrl+C	强制终止当前命令
Ctrl+L	清屏，相当于 clear 命令
Ctrl+U	删除或剪切光标之前的命令
Ctrl+K	删除或剪切光标之后的命令
Ctrl+Y	粘贴剪贴中的内容
Ctrl+R	调出搜索界面，在历史命令中搜索相关命令
Ctrl+D	退出当前终端
Ctrl+Z	将当前命令(任务)放入后台执行
Ctrl+S	暂停屏幕输出
Ctrl+Q	恢复屏幕输出

8.3.3　输入输出重定向

1．标准输入输出

计算机系统的输入输出设备很多，但在 Linux 系统中，我们只把键盘作为标准输入设备，其设备文件名是/dev/stdin，文件描述符是 0；把显示器作为标准的输出设备，其设备文件名是/dev/stdout，文件描述符为 1，同时把显示器也当作标准错误输出设备，文件名是/dev/stderr，文件描述符是 2。如果我们要用到非标准输入输出设备，就需要使用 Linux 提供的输入输出重定向功能。

2．输出重定向

输出重定向就是将命令的执行结果重定向到文件或其他非标准输出设备。输出重定向包括标准输出重定向和标准错误输出重定向。

- 标准输出重定向命令格式如下：

[root@localhost ~]# 命令 [> |>>] 文件

把命令的执行结果以覆盖(>)或追加(>>)的方式输出到指定的文件或设备。

- 标准错误输出重定向命令格式如下：

[root@localhost ~]# 错误命令 [2> |2>>] 文件

把命令的错误执行结果以覆盖(2>)或追加(2>>)的方式输出到指定的文件或设备。

例 8.6　可用如下命令将 cat ls -l 命令的输出结果以覆盖的方式输出到 redirect_test.txt 文件：

[root@localhost temp]# ls -l > redirect_test.txt

[root@localhost temp]# cat redirect_test.txt

总用量 4

-rw-r--r--. 1 root root　　0 7 月　　2 02:08 c

-rw-r--r--. 1 root root　　0 8 月　　11 09:44 redirect_test.txt

drwxrwxr-x. 2 yh　　yh　　4096 7 月　　2 09:31 umask

例 8.7　可用如下命令将 date 命令的执行结果追加到 redirect_test.txt 文件：

[root@localhost temp]# date >> redirect_test.txt

[root@localhost temp]# cat redirect_test.txt

总用量 4

-rw-r--r--. 1 root root　　0 7 月　　2 02:08 c

-rw-r--r--. 1 root root　　0 8 月　　11 09:44 redirect_test.txt

drwxrwxr-x. 2 yh　　yh　　4096 7 月　　2 09:31 umask

2018 年 08 月 11 日 星期六 09:46:18 CST

如果命令书写错误，系统会提示"找不到该命令"等信息。如：

[root@localhost temp]# data　　　#误将命令"date"写成了"data"

bash: data: command not found　　#错误输出直接输出到标准输出设备——显示器

有时，我们需要将错误命令产生的提示信息写入到指定的文件。

例 8.8　可用如下命令将错误的执行结果以覆盖的方式输出到 redirect_test.txt 文件：

[root@localhost temp]# data 2> redirect_test.txt　　#输出到文件后，不再在屏幕显示

[root@localhost temp]# cat redirect_test.txt　　#错误输出覆盖了文件中原有的内容

bash: data: command not found

在实际中，我们不一定能预测到某条命令是否能正确执行，所以需要一种两全其美的

方法，不管命令能否正确执行，都能将其结果保存下来。

　　• 将命令的正确执行结果或错误执行结果都保存在同一个文件中，其命令格式如下：

[root@localhost ~]# 命令　[&> |&>>]　文件

不管命令是否正确执行，将其执行结果以覆盖(&>)或追加(&>>)的方式输出到指定的文件或设备。

　　• 将命令的正确执行结果和错误执行结果分别保存在不同的文件中，其命令格式如下：

[root@localhost ~]# 命令　[> |>>]　文件 1　　[2> |2>>]　文件 2

把命令的正确执行结果以覆盖(>)或追加(>>)的方式输出到文件 1，如果执行错误，则以覆盖(>)或追加(>>)的方式输出到文件 2，这种情况一般用追加的方式输出，如果用覆盖的方式，不管输出到哪个文件，都同时先清空两个文件，然后再向相应文件输出。

　　例 8.9　无论命令能否正确执行，都将其执行结果追加到 redirect_test.txt 文件。

　　执行如下命令，将正确命令 "ls -l" 的执行结果追加到 redirect_test.txt 文件：

[root@localhost temp]# ls -l &>>redirect_test.txt

　　执行如下命令，将错误命令 "lsss -l" 的执行结果追加到 redirect_test.txt 文件：

[root@localhost temp]# lsss -l &>> redirect_test.txt　　#专设错误命令 "lsss"，以供实验

[root@localhost temp]# cat redirect_test.txt

执行结果：

bash: data: command not found

总用量 8

-rw-r--r--. 1 root root 　　　0 7 月　　2 02:08 c

-rw-r--r--. 1 root root 　30 8 月　　11 09:50 redirect_test.txt

drwxrwxr-x. 2 yh　　yh　　4096 7 月　　2 09:31 umask

bash: lsss: command not found

　　结果显示，redirect_test.txt 文件中共有 6 行文本，第 1 行是文件原有的内容，第 2～5 行是正确执行结果，第 6 行是错误执行结果。

　　例 8.10　可用如下命令将命令的正确执行结果追加到 redirect_test.txt1，错误执行结果追加到 redirect_test.txt2 文件：

　　[root@localhost temp]# ls -l >>redirect_test.txt1 2>> redirect_test.txt2

　　3．输入重定向

　　输入重定向，是指输入不是来源于标准的输入设备(如键盘)，而是来源于文件或非其他标准输入设备。输入重定向在实际中用得很少，这里举例说明输入重定向的简单用法。

　　例 8.11　统计 redirect_test.txt 文件中的单词数。

　　下列命令将输入重定向到了 redirect_test.txt，将该文件的内容作为命令 "wc -w" 的输入：

　　[root@localhost temp]# wc -w < redirect_test.txt

　　39

　　由此得知，redirect_test.txt 文件共有 39 个单词。

8.3.4 多命令执行与管道符

1. 多命令执行

Bash 支持的多命令执行主要有如下三种情况：

• 顺序执行所有命令。把需要执行的多条命用"；"号连接起来，系统就会顺序执行各条命令，不管前面的命令能否正确执行，所有的命令都会执行。

例 8.12 下面四条命令 ls-l、date、cd/user 和 pwd 可以顺序执行：

[root@localhost temp]# ls -l ;date; cd /user;pwd

这四条命令会顺序执行，由于没有/user 目录，所以 cd/user 命令不能正确执行，但不影响其后 pwd 命令的执行。

• 顺序执行所有命令，直到错误命令。用"&&"连接的 n 条命令中，只有前面的命令都正确执行了，才会执行下一条命令，若某一条命令不能正确执行，则其后的命令都停止执行。

例 8.13 下面四条命令 ls、pwd、cd /user 和 cat/etc/passwd 在顺序执行过程中，若某条命令不能正确执行，则其后所有命令停止执行。

[root@localhost temp]# ls && pwd && cd /user && cat/etc/passwd

只要 ls 命令可以正确执行，pwd 命令就可以执行，因为 pwd 正确执行了，所以 cd/user 命令就可以执行。由于该命令不能正确执行，因此其后的 cat/etc/passwd 命令停止执行。

• 顺序执行第一条正确命令。用"||"连接的 n 条命令中，只有前面的命令都不能正确执行，才会执行下一条命令，当某条命令正确执行后，则其后的所有命令不管能否正确执行，都不执行。

例 8.14 下面四条命令 ls -ld /user、cd /user、pwd 和 cat/etc/passwd 顺序执行第一条正确命令：

[root@localhost temp]# ls -ld /user || cd /user ||pwd || cat /etc/passwd

第一条命令中由于不存在目录/user，不能正确执行，所以顺序执行第二条命令。同理，第二条命令也不能正确执行，所以顺序执行第三条命令。由于第三条命令可以正确执行，因此即使其后的命令可以正确执行，也不再执行了。

例 8.15 把硬盘/dev/sdb 的全部数据拷贝到硬盘/dev/sda 中，计算所用时间。

第一步，执行如下命令，将/dev/sdb 的全部数据拷贝到硬盘/dev/sda，并记录开始时间和结束时间：

[root@localhost temp]# date; dd if=/dev/sdb of=/dev/sda; date

第二步，用结束时间减去开始时间就是所用时间(具体计算略)。

磁盘拷贝命令格式：

[root@localhost ~]# dd if=输入文件(来源文件) of=输出文件(目标文件) \
bs=每个数据块的字节数　count=数据块数

该命令主要用于磁盘之间的拷贝，当然也可以用于文件之间的非全文拷贝。

例 8.16 可用如下命令将 redirect_test.txt 文件中的前 30 个字节拷贝到 redirect_ test.txt2

文件：

　　[root@localhost temp]# dd if=redirect_test.txt of=redirect_test.txt2 bs=2 count=15

　　执行结果：

　　记录了 15+0 的读入

　　记录了 15+0 的写出

　　30 字节(30 B)已复制，0.000182272 秒，165 kB/秒

　　例 8.17　在 Shell 编程中，可用如下指令判断 cd 命令能否正确执行：

　　[root@localhost usr]# cd /usr && echo 执行正确！‖ echo 执行错误！

　　执行正确！

　　[root@localhost usr]# cd /user && echo 执行正确！‖ echo 执行错误！

　　bash: cd: /user: 没有那个文件或目录

　　执行错误！

　　注意：符号"&&"与"‖"的顺序不能互换！

2. 管道符

　　管道符用"|"符号来表示。管道符连接的两条命令中，前一条命令的执行结果作为后一条命令的操作对象，所以前一条命令必须要有正确的输出结果。其命令格式如下：

　　[root@localhost ~]# 命令 1| 命令 2| 命令 3 … | 命令 n

　　例 8.18　可用如下命令分屏显示/etc/services 文件中含"/tcp"字符串的条目：

　　[root@localhost ~]# cat /etc/services | grep /tcp | more

　　上述命令中，命令 cat /etc/services 的执行结果作为命令 grep /tcp 的操作对象，来查找包含"/tcp"的条目，命令 grep /tcp 的执行结果又作为命令 more 的操作对象，进行分屏显示。

8.3.5　通配符与特殊符号

1. 通配符

　　Bash 支持功能强大的通配符，常用的通配符及其含义如表 8.9 所示。

表 8.9　通配符及其含义

通　配　符	含　　义
?	匹配任意一个字符
*	匹配 0 个或任意多个任意字符
[]	匹配中括号中的任意一个字符，如[abc]可以与 a 匹配，也可以与 b 匹配，还可以与 c 匹配
[起始字符-结束字符]	匹配起始字符与结束字符之间的任何一个字符，如[A-Z]代表任何一个大写字母
[^起始字符-结束字符]	取反，表示除了中括号内的任何字符，如[^0-9]代表任意一个非数字字符

下面举例说明通配符的用处：

例 8.19　可用如下命令删除/tmp/temp 目录下的所有文件：

[root@localhost temp]# cd /tmp/temp/

[root@localhost temp]# rm -fr *　　#删除当前目录下的所有文件，谨慎使用该命令！

例 8.20　可用如下命令显示/tmp 目录下的所有以数字字符开头的文件：

[root@localhost tmp]# ls -l　　[1-9]*

2．特殊符号

Shell 脚本设计常用的特殊符号如表 8.10 所示。

表 8.10　特殊符号及其含义

符　号	含　义
' '	单引号，原文输出引号内的内容，引号内，特殊符号的功能都失效
" "	双引号，原文输出引号内的内容，引号内，除"$"、"`"和"\"三个符号保留特殊符号的含义外，其他特殊符号的功能都失效
` `	反引号，反引号内的内容是系统命令，在 Bash 中优先执行，与$()作用相同，推荐使用$()
$( )	与反引号作用相同，引用系统命令的执行结果。如： [root@localhost ~]# echo $(date) 2018 年 08 月 12 日 星期日 08:36:09 CST
#	Shell 脚本中的行注释符号
$	引用变量的值，如$ID 的作用是引用变量 ID 的值
\	转义符，使其后的字符失去特殊含义而变成普通字符输出

下面举例说明特殊符号的用法。

例 8.21　可用如下命令在屏幕原文输出"Kindness is the most beautiful quality"：

[root@localhost ~]# echo 'Kindess is the most beautiful quality'

执行结果如下：

Kindess is the most beautiful quality

因为原文输出的内容包含了空格符号，所以必须使用引号引起来，如果是单个单词或没有空格，则可以不使用引号。

例 8.22　可用如下命令，先定义一个变量，同时赋初值"yh"，然后将其值输出到屏幕：

[root@localhost ~]# name=yh　　#定义变量 name，并赋予值"yh"

[root@localhost ~]# echo $name　　#输出变量 mame 的值，"$"表示变量取 name 的值

yh

[root@localhost ~]# echo "my name is $name"　　#双引号内的特殊符号"$"仍然有效

my name is yh

[root@localhost ~]# echo 'my name is　$name'　　#单引号内的特殊符号全部失效

my name is $name

8.4　Bash 变量

8.4.1　变量的基本概念

变量是相对于常量而言的，是内存空间的一个区域，用来存放数据，用户可以通过变量名来访问其中的数据。

1. 变量类型

Bash 中，根据变量的作用不同，可以分为四种变量：

- 用户自定义变量：由用户根据需要定义，用户可以随时修改变量的值。自定义变量的作用域是当前 Shell。
- 环境变量：保存与系统运行环境相关的数据，用户可以自定义环境变量，也可以调整环境变量的值来实现相应的功能。环境变量的作用域是当前 Shell 及其子 Shell，如果把环境变量写入相应的配置文件，那么它的作用域是所有 Shell。
- 位置参数变量：这种变量的作用是固定的，由系统定义，主要用来向脚本传递相关值。
- 预定义变量：Bash 预先定义好的变量，有固定的作用，不能由用户定义。

2. 父 Shell 与子 Shell

父 Shell 与子 Shell 是相对的，如果把当前 Shell 作为父 Shell，则在命令行输入相应的 Shell 名称就能进入对应的子 Shell，用 pstree 命令可以查看当前所处的 Shell。如：

```
[root@localhost ~]# csh           #进入子 Shell——Csh
[root@localhost ~]# bash          #进入子 Shell——Bash
[root@localhost ~]# pstree        #查看所在 Shell
```

下面是部分输出结果：

```
├─sshd───sshd───bash───csh───bash───pstree
```

第一个 bash 是执行命令前的 Shell，即当前 Shell，执行名 csh 后进入子 Shell——Csh，执行命令 bash 后，进入下一级 Shell——Bash。以“csh”为参照，前一个“bash”是它的父 Shell，后一个“bash”是它的子 Shell。

要退出当前 Shell，执行 exit 命令即可。退出 Shell 时，在当前 Shell 声明的所有变量都将被清空，除非将其写入配置文件。

3. 变量命名规则

像其他编程语言一样，Bash 变量的命名也要遵循相应的规则：

- Bash 变量名只能包含字母、数字和下划线，但不能以数字开头；
- Bash 变量的默认类型都是字符串类型，如果需要进行算术运行，则需要设定其为数值类型；

- 自定义变量习惯于用小写字母，环境变量用大写字母。

8.4.2 用户自定义变量

1. 声明自定义变量

变量首次被赋值的同时，被声明，其格式如下：

变量名=变量值

变量名与变量值用"="连接，"="两侧不能有空格。如：system=Linux，就是定义一个名为 system 的变量，并设置变量的初始值为"Linux"，这样，变量 system 就定义好了。

2. 变量赋值

可以为定义好的变量重新赋值，变量重新赋值与变量定义的格式完全相同。如：system=Unix，就是把变量 system 的值重新赋值为"Unix"。

变量值如果有空格，则需要使用单引号或双引号将其括起来，如：department=" Quality management"，表示变量 department 的值是"Quality management"。

也可以把一个变量的值赋予另一个变量，或把某条命令的执行结果赋值给变量。

3. 变量引用

由前述所知，引用变量的值，要在变量名前加"$"，引用命令的执行结果要使用"$(命令名)"格式。如：system1=$system，表示把变量 system 的值赋值给了变量 system1；result=$(date)，表示把命令 date 的执行结果赋值给了变量 result。

4. 连接字符串

连接两个字符串变量的格式如下：

$变量 1$变量 2

连接字符串变量与字符串常量的格式如下：

"$变量"常量 或 常量"$变量"或 ${变量}常量 或 常量${变量}

5. 查看变量

查看变量用于查看系统中保存的所有变量，格式如下：

[root@localhost ~]# set

6. 删除变量

删除变量用于删除指定变量，格式如下：

[root@localhost ~]#unset 变量名

8.4.3 环境变量

1. 声明环境变量

用户自己可以声明环境变量，格式如下：

export　变量名=变量值

其中，export 是声明环境变量的关键字，声明其后定义的变量是环境变量。如：

export BIRTHDAY=2018 年 8 月 14 日，声明 BIRTHDAY 是环境变量，其初始值是 2018 年 8 月 14 日。

声明环境变量也可以先给变量赋值，然后将其声明为环境变量。如：

[root@localhost ~]# AGE=18

[root@localhost ~]# export AGE

这样，环境变量 BIRTHDAY 和 AGE，不仅在当前 Shell 中生效，而且还在其子 Shell 中生效，但不能在父 Shell 中生效。为了使环境变量能在所有 Shell 中长期生效，可以把环境变量的声明写入用户的配置文件中，如 root 的配置文件是/root/.bashrc，然后重启系统即可。

2．查看和删除环境变量

set 命令可以查看所有变量，env 命令专门用于查看系统变量。删除系统变量的方法类似于删除用户自定义变量，可使用 unset 命令。如删除 AGE 系统变量，可以使用如下命令：

[root@localhost ~]# unset AGE

环境变量的赋值、引用与自定义变量相同，这里不再赘述。

3．常用的系统环境变量

用 env 命令可以查看系统全部的环境变量，下面介绍几个常用的环境变量。

• 系统查找命令的路径：PATH 环境变量。

系统在执行命令时，并不需要我们输入命令所在的路径，而是直接在命令行输入命令本身即可。原因就是所有命令的路径都保存在 PATH 环境变量中。PATH 环境变量的值是用"："分隔的一串路径，系统执行命令时，搜索 PATH 环境变量保存的路径从而找到命令所对应的命令文件。执行如下命令，可以查看 PATH 环境变量的值：

[root@localhost ~]# echo $PATH

/usr/lib64/qt-3.3/bin:/usr/local/sbin:/usr/local/bin:sbin:bin:/usr/sbin:/usr/bin:/root/bin

ls 命令的绝对路径是/bin/ls，当我们在命令行输入 ls、按回车键后，系统就在 PATH 环境变量中搜索 ls 命令文件所在的路径/bin，并在/bin 目录下找到 ls 命令文件才开始执行，所以执行 ls 命令与执行/bin/ls 命令是等效的。如果 PATH 中删除命令 ls 的路径/bin，则必须在命令行中输入/bin/ls 才能正确执行 ls 命令。

/home/remounttest.sh 是用户自己编写 Shell 脚本文件，要想在任何目录提示符下输入文件名 remounttest.sh 就能执行该脚本，必须把它的目录/home 添加到 PATH 环境变量中：

[root@localhost home]# PATH="$PATH":/home　　#把/home 加入 PATH 变量，用"："分隔

[root@localhost home]# echo $PATH

/usr/lib64/qt-3.3/bin:/usr/local/sbin:/usr/local/bin:sbin:bin:/usr/sbin:/usr/bin:/root/bin:/home

#/home 目录已加入到 PATH 变量中

[root@localhost home]# cd /root

[root@localhost ~]# remounttext.sh   #可以直接输入文件名执行程序了

Linux is a great operating system!

但是，这种方式也是临时生效，要永久生效，需要将命令"$PATH":/home 写入/etc/profile 配置文件。

- 定义系统提示符：PS1 环境变量。

环境变量 PS1 定义了系统命令行提示符的格式，执行如下命令，查看当前提示符格式：

[root@localhost ~]# echo $PS1

[\u@\h \W]\$

说明系统当前提示符格式是 "[\u@\h \W]\$"，那么各参数代表什么含义呢？环境变量 PS1 中各参数的含义见表 8.11。

表 8.11　PS1 环境变量参数及含义

参数名称	含　　义
\d	显示日期，格式为：星期 月 日
\h	显示主机名，默认主机名是 locatehost
\t	以 24 小时制显示时间，格式为 HH：MM：SS
\T	以 12 小时制显示时间，格式为 HH：MM：SS
\A	以 24 小时制显示时间，格式为 HH：MM
\u	显示当前用户
\w	显示当前绝对目录
\W	显示当前绝对目录的最后一个目录
\#	执行的第几条命令
\$	命令提示符，root 用户的提示符为 "#"，普通用户的提示符为 "$"

所以系统当前提示符格式是 "[用户名@主机名 最后一个目录]提示符"。

例 8.23　可用如下命令定义命令提示符的格式为"[用户名@12 小时制时间 绝对路径]提示符"：

oot@localhost ~]# PS1='[\u@\t\w]\$'

[root@03:38:32~]#cd /tmp/temp

[root@03:38:53/tmp/temp]#

同样，上述修改也只是临时生效，要长期生效，需要把修改写入相应的配置文件，不过我们习惯使用系统默认的提示符格式。

8.4.4　位置参数变量

系统中的位置参数变量及其作用都是固定的，用户不能自己定义位置参数变量，只能借助位置参数变量进行参数传递。位置参数变量及其作用如表 8.12 所示。

表 8.12　位置参数变量及其作用

位置参数变量	含　义
$n	n 为非负整数,其中$0 表示当前运行的程序本身,$n 表示第 n 个参数(1≤n＜10),当 n≥10 时,要用大括号括起来, 如${10}
$*	表示命令行中的所有参数,它把所有的参数作为一个整体
$@	表示命令行中的所有参数,不过它区别对待各个参数
$#	表示命令行中所有参数的个数

下面举例说明上述位置参数变量的作用。

例 8.24　编写一个加法计算器,求任意两个数的和。

第一步,新建一个 Shell 脚本文件 calculator.sh,将以下内容写入脚本,并保存:

```
#!/bin/bash
#求和计算器
#作者：yh
echo "程序文件名为："$0
sum=$(( $1+$2 ))
echo "sum="$sum
```

第二步,运行程序,并把 100 和 200 两个数传递给位置参数变量$1 和$2:

```
[root@localhost temp]# ./calculator.sh    100 200
```

执行结果:

程序文件名为：./calculator.sh　　#位置参数变量$0,存储程序的文件名

sum=300　　#将 100 和 200 传输给了位置参数变量$1 和$2,求得 sum 的值为 300

本例说明,系统把命令行的程序文件名 "./calculator.sh" 传递给了位置参数变量$0,把 "100" 和 "200" 两个参数分别传递给了位置参数变量$1 和$2。

例 8.25　编写一个 Shell 脚本,输出用户终端输入的参数个数,并分别打印$*和$@ 的值。

第一步,新建一个 Shell 脚本文件 paratest.sh,将以下内容写入脚本,并保存:

```
#!/bin/bash
echo "参数个数为："$#
for   i   in "$*"
       do
               echo '位置参数变量$*的值为：'$i
       done
x=1
for   j   in "$@"
       do
               echo '位置参数变量$@的第'$x'个参数的值为：'$j
```

```
            x=$(( $x+1 ))
     done
```

第二步，执行程序并设置参数：

[root@localhost temp]# ./paratest.sh you I he

执行结果：

参数个数为：3

位置参数变量$*的值为：you I he

位置参数变量$@的第 1 个参数的值为：you

位置参数变量$@的第 2 个参数的值为：I

位置参数变量$@的第 3 个参数的值为：he

由此可知，位置参数变量$#的值是用户输入的参数个数，位置参数变量$*和$@的值都是用户输入的参数，但是$*把用户输入的所有参数作为一个整体，而$@把用户输入的所有参数分别对待。

8.4.5 预定义变量

Bash 中，主要有$?、$$和$!三个预定义变量，预定义变量的作用类似于位置参数变量，其含义如表 8.13 所示。

表 8.13 预定义变量及其作用

位置参数变量	含　义
$?	其值是上一条命令的执行状态。如果上一条命令执行正确，则其值为 0；如果执行错误，则结果为非零数字
$$	其值为当前进程的 ID 号(PID)
$!	其值为后台运行的最后一个进程的 ID 号，如果没有后台进程，则返回空

8.5　输入输出命令

8.5.1 键盘输入命令 read

read 命令是 bash 内部命令，其作用是接收键盘输入到的指定变量。

命令格式：

[root@localhost ~]# read [选项] [变量名]

选项说明：

p："提示信息"，用户定义的输入提示信息。

t：指定等待用户输入的时间，单位是秒，如果在指定时间内没有输入，则跳到下一步，默认为一直等待。

n：定义允许输入的最大字符个数。

s：隐藏输入的数据，如密码等机密数据的输入需要隐藏。

下面通过例题说明输入命令 read 的用法。

例 8.26　编写一个 Shell 脚本，求位数不大于 2 的两个数的和。

第一步，新建一个 Shell 脚本程序，输入如下内容并保存退出：

```
#!/bin/bash
#求两个数的和：
read -p "请输入第一个加数(两位数，5 秒内)：" -t 5 -n 2 num1
echo –e "\n"
read -p "请输入第二个加数(两位数，5 秒内)：" -t 5 -n 2 num2
echo –e "\n"
sum=$(( $num1+$num2 ))
echo "两个数的和为："$sum
```

第二步，赋予权限，执行程序，验证程序的正确性：

```
[root@localhost temp]# chmod 755 calculator_friendly.sh
[root@localhost temp]# ./calculator_friendly.sh
请输入第一个加数(两位数，5 秒内)：23
请输入第二个加数(两位数，5 秒内)：54
两个数的和为：77
```

8.5.2　输出命令 echo

echo 命令所在的目录是/bin，所有用户都可以执行，其功能是向屏幕输出文本。

命令格式：

[root@localhost ~]# echo [选项] 输出文本

该命令的常用选项是 e，它支持转义控制字符，控制文本输出格式。使用该选项时，其后的输出文本要用双引号或单引号。该选项所支持的转义控制字符及其功能如表 8.14 所示。

表 8.14　转义控制字符及含义

转义控制字符	功　能　描　述	转义控制字符	功　能　描　述
\\	输出 "\"	\n	换行符
\a	输出警告音	\r	回车键
\b	输出退格键，即向左删除一个字符	\t	输出水平制表符
\c	取消输出行末尾的换行符	\v	输出垂直制表符
\e	输出 ESCAPE 键	\0nnn	按照八进制 ASCII 码表输出字符。其中的 "nnn" 为 3 位八进制数
\f	换页符	\xhh	按照十六进制 ASCII 码表输出字符，其中的 "hh" 为 2 位十六进制数

例 8.27　可用如下命令顺序输出 a~j 共 10 个字母，每行 5 个，字母之间用制表符分隔：

[root@localhost ~]# echo -e "\ta\tb\tc\td\te\n\tf\tg\th\ti\tj"

输出结果：

```
    a      b      c      d      e
    f      g      h      i      j
```

8.6　运　算　符

8.6.1　声明和取消变量类型

declare 命令是 Bash 内部命令，其作用是声明或取消环境变量类型，也可以查看变量的类型和值。若不带任何选项和参数，则显示所有 Shell 变量及它们的值，此时，相当于不带参数选项的命令 set 和 typeset 的作用。

命令格式：

[root@localhost ~]# declare [-i | +i | +x | -x |-r | -p]　[变量名]

选项说明：

-i 或+i：声明指定变量的类型为整型变量，或取消指定变量的整型类型。

-x 或+x：声明指定变量的类型为环境变量，或取消指定变量的环境类型属性。该选项在声明变量类型时，作用相当于 export 命令声明的环境变量。

-r：声明指定变量为只读变量，变量的只读属性不能被取消，也不能删除该变量。

-p：查看指定变量的类型和值，不带变量名时，显示所有变量的类型和值。

在未特别声明变量类型的情况下，变量的默认类型是字符串类型。如：

[root@localhost temp]# num1=5

[root@localhost temp]# num2=4

[root@localhost temp]# str=$num1+$num2　#变量 str 的默认类型是字符串类型，所以等于号右侧执行字符串连接操作

[root@localhost temp]# echo $str

5+4

另外，declare 命令在声明变量的同时，可以为变量赋值。

例 8.28　可用如下命令声明一个整型环境变量 var，同时赋初值 22：

[root@localhost temp]# declare -i -x var=22　　#声明变量

[root@localhost temp]# declare -p var　#查看变量类型和值

declare -ix var="22"　　#变量 var 的类型为整型环境变量(-ix)，其值为 22

8.6.2　算术运算方法

下面以加法运算为例，举例说明算术运算的三种方法：

(1) 用 declare 将存储算术运算结果的变量声明为整型变量，然后进行算术运算。

例 8.29　可依次执行如下命令求两个数变量 num1 和 num2 的和(变量 num1 和 num2 值同前)：

[root@localhost temp]# declare -i sum　#将存储算术运算结果的变量 sum 声明为整型变量

[root@localhost temp]# sum=$num1+$num2　#sum 是整型变量,所以等号右侧进行算术运算

[root@localhost temp]# echo $sum

　9

(2) 使用 expr 命令进行算术运算。

expr 命令既可以进行算术运算也可以进行字符串运算，若操作数与操作符之间有空格符分隔，则执行算术运算，若无空格分隔，则执行字符串连接操作，此时将操作符当作字符串常量。如：

[root@localhost temp]# expr $num1+$num2　#无空格符分隔，执行字符串连接操作

5+4

[root@localhost temp]# expr $num1 + $num2　#有空格符分隔，执行算术运算

9

用 expr 命令计算例 8.27 的方法如下：

[root@localhost temp]# sum=$(expr $num1 + $num2) #将命令 expr 的执行结果赋值给 sum

[root@localhost temp]# echo $sum

9

(3) 使用运算符$((算术运算表达式))或$[算术运算表达式]进行运算。

注意：在"$((算术运算表达式))"中，"算术运算表达式"要与两边的括弧用空格符分隔。

用该方法计算例 8.27 中的求和运算如下：

[root@localhost temp]# sum=$(($num1+$num2))　#注意空格符分隔

[root@localhost temp]# echo $sum

9

或

[root@localhost temp]# sum=$[$num1+$num2]　#不需空格符分隔

[root@localhost temp]# echo $sum

9

读者可以从上述三种算术运算方法中任意选择自己习惯的方法，第三种方法比较直观易用，推荐读者使用该方法。

8.6.3　运算符

Shell 中的运算符有算术运算符、逻辑运算符、移位运算符、赋值运算符和比较运算符等几种。部分运算符及其含义、运算优先级如表 8.15 所示。

表 8.15　部分运算符及其含义

运算符	优先级	含　义
=, +=, -=, *=, /=, %=, &=, ^=, |=, <<=, >>=	1	赋值和运算且赋值
||	2	逻辑或
$$	3	逻辑与
|	4	按位或
^	5	按位异或
&	6	按位与
==, !=	7	等于，不等于
<, >, <=, >=	8	小于，大于，小于等于，大于等于
<<, >>	9	按位左移、按位右移
+, -	10	加、减
*, /, %	11	乘、作除法运算取整，取模
!, ~	12	逻辑非，按位取反
-, +	13	取负，取正

关于 Shell 的运算符很多，读者可以查阅相关资料，下面举例介绍常见运算符的使用方法。

例 8.30　可用如下命令求表达式 y=(4+5)*3/2-8/2 的值：

[root@localhost temp]# y=$(((4+5)*3/2-8/2))

[root@localhost temp]# echo $y

9

例 8.31　可用如下命令求逻辑表达式 y=(1||0)的值：

[root@localhost temp]# y=$((1||0))

[root@localhost temp]# echo $y

1

8.7　环境变量配置文件

8.7.1　环境变量配置文件简介

环境变量配置文件记录了系统所有的环境变量(如 PATH、HISTSIZE、PS1 和 HOSTNAME 等)和它们的值。如前所述，用户在命令行中定义的环境变量或是对环境变量值的修改只在本次登录中生效，而不会写入硬盘，也就是说，用户重新登录系统后这些修改就不复存在了。为了使所定义的环境变量能永久生效，需要将所定义的环境变量或对环境变量的修改写入相应的配置文件。

为了避免重新启动系统浪费时间，我们可以通过执行以下 Bash 内部命令 source(或 .)来使配置文件立即生效：

[root@localhost ~]# source 配置文件

或

[root@localhost ~]# . 配置文件

source(或 .)命令是 Bash 内部变量，其作用是无需重新登录或重启系统即可使配置文件立即生效。

环境变量配置文件主要有以下几种：

- /etc/profile。
- /etc/profile.d/*.sh(即/etc/profile.d 目录下所有以 "*.sh" 为后缀的文件)。
- ~/.bash_profile(其中 "~" 代表用户家目录)。
- ~/.bashrc(其中 "~" 代表用户家目录)。
- /etc/bashrc。

其中，配置文件/etc/profile、/etc/profile.d/*.sh 和/etc/bashrc 对所有用户都起作用，而另外两个配置文件~/.bash_profile 和~/.bashrc 只对文件拥有者生效，如文件/root/.bash_profile 和/root/.bashrc 只对 root 用户生效。

8.7.2　环境变量配置文件调用顺序

了解环境变量配置文件的调用顺序，有利于对配置文件的理解和管理。用户登录方式不同，环境变量配置文件的调用顺序也不同。

通过用户名、密码正常登录系统时，按如下顺序调用配置文件：

输入用户名、密码→ /etc/profile → /etc/profile.d/*.sh → /etc/profile.d/lang.sh → /etc/sysconfig/i18n → ~/.bash_profile → ~/.bashrc →/etc/bashrc → 命令提示符。

非正常登录(如通过命令 su 切换用户)时，按如下顺序调用配置文件：

输入 su 命令→/etc/bashrc →/etc/profile.d/*.sh →/etc/profile.d/lang.sh → /etc/sysconfig/i18n → 命令提示符。

所以，不同的登录方式，系统调用的环境变量配置文件及顺序是不同的。所以，要使环境变量长期生效，就需要把对该环境变量的修改写入任何一个可被系统调用到的配置文件中。一定要确保用户用某种方式登录时能调用到该配置文件，同时，还需要注意：如果把同一变量写入几个不同的配置文件中，则后面调用的文件会覆盖前面调用的文件中的同一变量的值。

习题与上机训练

8.1　编写 Shell 脚本程序需要遵循哪些基本规范？用 vim 编写一个 Shell 脚本程序，要求输出"Hello Linux，I love you！"字样，用两种方式执行所编写的脚本，以验证脚本程序的正确性。

8.2 新建一个文本文件，把当前日期和时间输入到文件首部。

8.3 什么是 Linux 历史命令？它在实际系统维护与管理中有什么作用？

8.4 什么是命令别名？使用命令别名应注意哪些事项？举例说明如何定义一个永久生效的命令别名。

8.5 说明下列 Bash 快捷键的功能：

　Ctrl+A　Ctrl+C　Ctrl+U　Ctrl+Y　Ctrl+R　Ctrl+E　Ctrl+L　Ctrl+S　Ctrl+Q

8.6 在 Linux 运维管理中，往往不能预测某条命令能否正确执行，如命令 ls -ld /tmp/yh，如果目录/tmp/yh 存在，则可以正确执行，否则就不能正确执行。请利用输出重定向功能，将该命令的正确执行结果追加到 correct.txt 文件中，错误执行结果追加到 error.txt 文件中。

8.7 编写一个 Shell 脚本，判断"mkdir /tmp/mycommand && cp /temp/ redirect _test.txt /tmp/mycommand"命令正确与否，如果执行正确输出"执行正确！"，否则输出"执行错误！"。

8.8 查看网络连接状态(netstat -an)，从中检索处于监听状态(LISTENING)的服务，并分页显示。

8.9 用 ls -l 命令显示当前目录下所有文件名为以非数字字符开头的文件。

8.10 举例说明双引号与单引号对其中的特殊符号的异同。

8.11 Bash 变量有哪些类型？各有什么特点？

8.12 举例说明如何引用变量的值、如何引用命令的输出结果。

8.13 举例说明环境变量的作用域。环境变量的值存储在哪个配置文件中？

8.14 举例说明位置参数变量 $n 的作用。

8.15 举例说明位置参数变量 $@、$* 和$# 的作用。

8.16 编写一个 Shell 脚本，接收键盘输入的姓名、年龄、密码等信息，并把输入的信息打印出来(除密码外)，要求人机交互界面友好、可操作，密码输入需要隐藏。

8.17 按如下格式输出 a～l 这 12 个小写字符到 output.txt 文件：

```
a   b   c   d
e   f   g   h
i   j   k   l
```

8.18 将变量 var 声明为整型环境变量,同时将 num1 和 num2 两个数的和赋予变量 var。

8.19 写程序求表达式 y = 8 + (7 − 2) / 3 + 10 的值。

8.20 环境变量配置文件的作用是什么？调用顺序如何？

第 9 章　Shell 编程

本章学习目标

1.　会使用基本正则表达式。

2.　掌握 cut、awk 字符串截取命令、sed 轻量级编辑工具以及 printf 格式化输出命令的基本使用方法。

3.　熟练掌握排序命令 sort、统计命令 wc 等字符串处理命令的使用方法。

4.　熟练掌握条件判断命令和多重条件判断命令的使用方法。

5.　熟练掌握单分支、两分支、多分支 if 选择语句的使用方法。

6.　熟练掌握 case 多分支选择语句的使用方法。

7.　熟练掌握 for 循环语句、while 循环语句和 until 循环语句的使用方法。

9.1 正则表达式

9.1.1 正则表达式与通配符

我们在 8.3 节中学习了通配符的概念及含义，已经知道了通配符用于匹配文件名，是对文件进行批量操作的。如：

#显示以"zheng"开头的任意长度的文件名：

[root@localhost temp]# ls zheng*

#显示以"zheng"开头、长度为 6、第 6 个字符为任意字符的文件名：

[root@localhost temp]# ls zheng?

#显示以"zhengze"开头、长度为 8、第 8 个字符为"1"、"2"或"3"的文件名：

[root@localhost temp]# ls zhengze[123]

正则表达式是对文件内容操作时，用来匹配文件中的字符串的。比如，grep、awk、sed等命令都是处理文件内容的，都支持正则表达式，用于在文件中查找满足一定条件的内容。

9.1.2 基本正则表达式

shell 编程中有基本正则表达式和扩展正则表达式，依据教学需要和编写目的，本书只介绍基本正则表达式，其符号和功能如表 9.1 所示。关于扩展正则表达式的使用，请读者自行查阅相关资料。

表 9.1 基本正则表达式符号及功能

符号	功　　能
*	*前的这个字符匹配任意多次(包括 0 次)。 如：s*，表示 0 个或任意多个的"s"
.	匹配除换行符以外的其他任意一个字符。 如：b.*h，表示以"b"开头、以"h"结尾且中间为任意多个任意字符的字符串
^	匹配以^后第一个字符串开头的行。 如：^ruler，表示以"ruler"开头的行
$	匹配以符号"$"前第一个字符串结尾的行。 如：ruler$，表示以"ruler"结尾的行
[ ]	匹配括号中的任意一个字符(但不匹配回车符)。 如：[ruler]，表示匹配"ruler"这 5 个字符中的任何一个； [1-9]，表示匹配 1～9 中九个数字的任何一个数字； [1-9][A-Z]，表示匹配两个字符，第一个字符是 1～9 中的任何数字，第二个字符是任何一个大写字母
[^]	取反，匹配除括号中字符以外的任何字符。 如：[^0-9]，表示匹配除 0～9 之外的任意字符

符号	功　　能
\	转义字符
\{n\}	其前面的字符出现 n 次。 如：[a-z]\{5\}，表示任意 5 个小写字母。 [1][3-9][0-9]\{9\}，表示手机号码，第一位是 1，第二位是 3～9 的任意数字，后九位数是任意数字
\{n,\}	其前面的字符至少出现 n 次。 如：[135]\{3,\}，表示由 1、3、5 组成的任意三位或以上位数的数字
\{n,m\}	其前面的字符至少出现 n 次，最多出现 m 次。 如：[a-z]\{6,8\}，表示匹配 6～8 位的任意小写字母

下面举例详细说明正则表达式的用法。

例 9.1　可用如下命令在 ruler 文件中查找至少包含两个连续 "o" 字符的行：

[root@localhost temp] # grep "ooo*" ruler

例 9.2　在 ruler 文件中查找包含第一个字符为 "r"、第四个字符为 "t"、第二、第三个字符为任意字符的字符串的行，可用如下命令：

[root@localhost temp] # grep "r..t" ruler

例 9.3　在 ruler 文件中查找包含第一个字符为 "p"、最后一个字符为 "n" 的字符串的行，可用如下命令：

[root@localhost temp] # grep "p.*n" ruler

例 9.4　可用如下命令在 ruler 文件中查找空行，并返回行号：

[root@localhost temp] # grep　-n "^$" ruler

例 9.5　可用如下命令在 ruler 文件中查找以非数字开头的行，并返回行号：

[root@localhost temp] # grep　-n　"^[^0-9]" ruler

例 9.6　可用如下命令在 ruler 文件中查找不以字母开头的行：

[root@localhost temp] # grep　"^[^a-zA-Z]" ruler

例 9.7　可用如下命令在 ruler 文件中查找以 "$" 结尾的行：

[root@localhost temp] # grep　"\$$"　ruler

例 9.8　在 ruler 文件中查找包含以 "y" 开头、"t" 结尾、中间是连续 1～2 个字母 "a" 的字符串的行，可用如下命令：

[root@localhost temp] # grep "ya\{1,2\}t"　ruler

9.2　字符截取命令

9.2.1　cut 字段提取命令

cut 命令的完整路径是/bin，任何用户都有权限执行，其功能是用于提取文件中指定的列。

命令格式:

[root@localhost temp]# cut [-f 列号|-d 分隔符] 文件名

选项说明:

-f 列号: 提取指定的列, 若要提取多列, 则用 "," 分隔各列。

-d 分隔符: 按照指定符号分隔列, 默认分隔符是 tab 键, 分隔符必须是单一的一个字符。例如, 当以空格作为分隔符时, 如果用户不慎输入连续的多个空格符时, 只会把第一个空格符作为分隔符。所以对于将多个空格符作为字段分隔符的情况, 就难于用 cut 命来提取字段。

以下是/temp/cut-studentinfo.txt 文件的内容, 本节部分实验和例题以该文件为例:

ID	NAME	SEX	AGE	DEPARTMENT
01	Lining	M	18	computer
02	Maoling	W	20	english
03	Yangmin	M	21	math
04	Wanghong	M	19	physical

注意: 每条记录的字段之间一定用 tab 键作为分隔。

例 9.9 可用如下命令提取 cut-studentinfo.txt 文件中的姓名(第二列)和年龄(第四列):

[root@localhost temp]# cut -f 2,4 cut-studentinfo.txt

执行结果:

NAME	AGE
Lining	18
Maoling	20
Yangmin	21
Wanghong	19

例 9.10 可用如下命令提取/etc/passwd 文件的第一列和第五列:

[root@localhost temp]# cut -f 1,5 -d : /etc/passwd   #passwd 文件中各列之间用 ":" 分隔

执行结果: (略)

例 9.11 可用如下命令提取 cut-studentinfo.txt 文件中的第三行的第五列:

[root@localhost temp]# grep Maoling cut-studentinfo.txt | cut -f 5

执行结果:

english

9.2.2 格式化输出命令 printf

printf 命令是字符串截取命令 awk 的标准输出调用命令。

printf 命令的完整目录是/bin, 所有用户都有权限执行, 其功能是将指定内容按指定格式输出到屏幕。

命令格式:

[root@localhost temp]# printf '[选项 1] [选项 2] ' 输出内容

选项说明：

选项 1 指定输出类型，各选项功能如下：

%ns：输出字符串。n 是整数，其绝对值为输出宽度，n>0 为右对齐，n<0 为左对齐。

%ni：输出整数。n 是整数，其绝对值为输出宽度，n>0 为右对齐，n<0 为左对齐。

%n.mf：输出浮点数。m 指定小数位数；n 是整数，n 的绝对值为输出宽度，n>0 为右对齐，n<0 为左对齐。

选项 2 指定输出格式，各选项功能如下：

\a：输出警告声音。

\b：输出退格键。

\f：清除屏幕。

\n：换行。

\r：回车。

\t：水平输出退格键，即 Tab 键。

\v：垂直输出退格键。

例 9.12　可用如下命令按下列要求输出 a～l 字母序列：

a   b   c   d

e   f   g   h

i   j   k   l

[root@localhost temp]# printf '%s\t %s\t %s\t %s\n' a b c d e f g h i j k l

注意：命令中的单引号不能用双引号替代，a～l 字母序列均为命令参数要用空格分隔。

例 9.13　可用如下命令输出小数 12.3 和 45.6，输出宽度为 8，保留 2 位小数，左对齐：

[root@localhost temp]# printf   '%-8.2f   %-8.2f\n' 12.3 45.6

12.30   45.60

例 9.14　可用如下命令输出 cut-studentinfo.txt 文件的内容：

[root@localhost temp]# printf '%s\t %s\t %s\t %s\t %s\n' $(cat cut-studentinfo.txt)

执行结果：

ID	NAME	SEX	AGE	DEPARTMENT
01	Lining	M	18	computer
02	Maoling	W	20	english
03	Yangmin	M	21	math
04	wanghong	M	19	physical

本例中，"'%s\t %s\t %s\t %s\t %s\n'" 共包含 5 组输出控制符，使指定输出内容按从头到尾的顺序，每行输出 5 个字段，"$(cat cut-studentinfo.txt)" 将文件 cut-studentinfo.txt 的内容以流字符串的形式作为 printf 的输出内容。

9.2.3　awk 命令

屏幕输出命令有 print 和 printf 两种，Linux 默认不支持 print 命令，但 awk 命令可以调用 print 命令。另外，print 命令输出结束后自动产生一个换行，而 printf 命令是标准格式输出命令，所有格式需由参数选项控制。

1．awk 基本命令格式

awk 也是列截取命令，具有比 cut 更加强大的字符串截取功能，可以处理以多个空格分隔字段的情况，可以定义函数、调用格式化输出等命令。awk 命令的完整路径是/bin，所有用户都有权限执行，其命令格式如下：

[root@localhost temp]# awk ' [条件 1] {动作 1} [条件 2] {动作 2}…' 文件名

命令中的条件一般为逻辑表达式，动作为格式化输出语句或流程控制语句，若条件 1 成立，则执行动作 1，否则不执行；若条件 2 成立，则执行动作 2，否则不执行，顺序扫描执行。

下面举例说明 awk 命令的使用方法。

例 9.15　可用如下命令输出 cut-studentinfo.txt 的第二列和第五列：

[root@localhost temp]# awk '{printf $2 "\t" $5 "\n"}' cut-studentinfo.txt

执行结果：

```
NAME        DEPARTMENT
Lining      computer
Maoling     english
Yangmin     math
Wanghong    physical
```

命令中没有动作执行条件，缺省表示任何条件下都执行指定动作；其中的"$2"和"$5"指定输出的内容为 cut-studentinfo.txt 文件中的第二列和第五列；"\t"和"\n"为输出格式控制符，要用双引号标记(命令中的动作语句已经使用了单引号)。

例 9.16　可用如下命令输出系统分区信息的第一列和第五列：

[root@localhost temp]# df -h | awk '{print $1 "\t" $5}'

执行结果：

```
Filesystem      Use%
/dev/mapper/VolGroup-lv_root      5%
tmpfs           0%
/dev/sda1       8%
```

通过此例，说明下面几点：

• awk 支持管道输出，命令中把管道输出作为 awk 的操作内容。

• 对于空格作为字段分隔符的情况，cut 只支持把单个空格作为字段分隔符，awk 支持把连续的空格(长度不定)作为字段分隔符，所以可以操作将空格作为分隔符的分区信息。

• 命令中的动作命令使用了 print 命令，自带输出结束换行功能，而 printf 命令没有自动换行功能。

例 9.17　可用如下命令提取分区信息中分区 sda1 的使用率的百分数 8：

[root@localhost temp]# df -h | grep sda1 |awk '{print $5}'| cut -f 1 -d %

执行结果：

8

2. BEGIN 和 END

BEGIN 和 END 分别用于指定执行 awk 命令时，需要首先执行的指令和最后执行的指令。

例 9.18 可用如下命令输出 cut-studentinfo.txt 文件的第二、第三和第五列，同时在文件首部输出"The following is information of students:"，在末尾输出"THE END."：

[root@localhost temp]# awk 'BEGIN {printf"The following is information \
of students:\n"}{print $2"\t" $3"\t" $5} END{print " THE END."}' cut-studentinfo.txt

执行结果：

The following is information of students:

NAME	EX	DEPARTMENT
Lining	M	computer
Maoling	W	english
Yangmin	M	math
Wanghong	M	physical

THE END.

BEGIN 指定首先执行其后第一个括号中的输出命令，END 指定最后执行其后括号中的输出命令。

3. FS 内置变量

awk 能识别的分隔符是 Tab 键和空格，FS 用于指定其他符号的分隔符。

例 9.19 请输出/etc/passwd 文件中以"bash"结尾的所有行的第一列、第三列和第七列。

由于/etc/passwd 文件中字段间是用"："作为分隔符的，而不是 awk 默认的分隔符(Tab 键或空格)，所以需要用 FS 内置变量指定分隔符为"："，执行如下命令：

[root@localhost temp]# cat /etc/passwd |grep bash$ |awk /
'{FS=":"}{print $1"\t" $3"\t" $7}'

执行结果：

root:x:0:0:root:/root:/bin/bash

yh	500	/bin/bash
yh1	501	/bin/bash
member1	502	/bin/bash

……

我们发现第一行并没有按要求输出，而是把文件 passwd 中的第一行全部输出，原因是 awk 先输出第一行内容，然后才读"{FS="："}"相关的内容，所以从第二行开始，才按要求输出了结果。所以做如下改进：在"{FS="："}"前加"BEGIN"关键字，让 awk 命令

首先就读取"{FS=": "}":

[root@localhost temp]# cat /etc/passwd |grep bash$ |awk /

'BEGIN{FS=":"}{print $1"\t" $3"\t" $7}'\

执行结果：

root	0	/bin/bash
yh	500	/bin/bash
yh1	501	/bin/bash
member1	502	/bin/bash

......

这样，就符合题目的输出要求了。

4．条件执行

前述列举的 awk 命令实例，都是无条件执行的。下面通过实例介绍 awk 命令中的条件执行，当条件成熟时，则执行其后的动作。

例 9.20 可用如下命令截取/tmp/temp/cut-studentinfo.txt 文件中年龄大于 19 岁的所有学生的姓名、年龄和专业，但不打印标题行：

[root@localhost temp]# cat cut-stuedntinfo.txt |grep -v NAME | awk '$4>19 {print $2"\t" \

$4"\t" $5}'

Maoling	20	english
Yangmin	21	math

其中，"grep -v NAME"命令把/tmp/temp/cut-studentinfo.txt 文件的标题行筛除掉了，否则，在执行"awk '$4>19……'"命令时会报错，因为标题行的第四个字段是"AGE"，不能比较大小。

9.2.4　sed 命令

sed 命令是一个轻量级的流编辑工具，可以用来处理命令输出结果和文件内容。通过 8.1 节的学习，我们知道 vi 或 vim 编辑器只能编辑文件内容，而不能直接编辑特定命令(如 df -h)的输出结果。sed 命令除了主要编辑命令的输出结果外，还可以以命令的方式对文件内容进行操作。在编辑命令的输出结果时，sed 命令可以通过管道接收命令的输出。

命令格式：

[root@localhost temp]# sed [选项] '[动作]' 文件名

选项说明：

-n：缺省情况下，sed 命令把所有数据全部输出到屏幕，该选项输出指定行。

-e：允许用多条 sed 命令对输入数据进行编辑。

-i：将 sed 命令的修改结果直接作用于读取数据的文件，而不是由屏幕输出。

动作说明：

执行的动作必须要用单引号标记。执行多行时，除了最后一行外，每行结尾添加"\"

符号，表示数据未结束。

　　a：追加(append)，在当前行后添加一个或多个新行。

　　c：行替换，用 c 后面的字符串替换原数据行。

　　i：插入行(insert)，在当前行插入一个或多个新行。

　　d：删除指定行。

　　p：打印输出指定行。

　　s：字符串替换，用一个字符串替换另一个字符串。格式为："行范围 s/旧字符串/新字符串/g"。

　　下面举例说明 sed 命令的用法。

　　例 9.21　可用如下命令输出 cut-studentinfo.txt 文件的标题行(即第一行)：

[root@localhost temp]# sed -n '1p' cut-studentinfo.txt

执行结果：

ID　　　　NAME　　　　SEX　　　　AGE　　　　DEPARTMENT

命令中"1p"表示执行的动作是在屏幕中输出文件的第一行，注意"1"不能省略。选项"-n"表示只输出动作规定的内容，如果缺省，则在输出第一行后，又把整个文件输出一次，如：

[root@localhost temp]# sed　　'1p' cut-studentinfo.txt

执行结果：

ID	NAME	SEX	AGE	DEPARTMENT
ID	NAME	SEX	AGE	DEPARTMENT
01	Lining	M	18	computer
02	Maoling	W	20	english
03	Yangmin	M	21	math
04	Wanghong	M	19	physical

sed 命令支持管道符输出。

　　例 9.22　可用如下命令输出/etc/passwd 文件的第三行内容：

[root@localhost temp]# cat /etc/passwd | sed -n '3p'

执行结果：

daemon:x:2:2:daemon:/sbin:/sbin/nologin

　　例 9.23　可用如下命令将 cut-studentinfo.txt 文件输出时，删除第二行和第三行，而不删除文件本身的相关内容：

[root@localhost temp]# sed '2,3d' cut-studentinfo.txt

执行结果：

ID	NAME	SEX	AGE	DEPARTMENT
03	Yangmin	M	21	math
04	Wanghong	M	19	physical

注意：标题行是第一行。

例 9.24 可用如下命令在 cut-studentinfo.txt 文件末尾追加一个新行，内容为"05 Zhangli M 18 tmath"：

```
[root@localhost temp]# sed '5a 05\tZhangli\tM\t18\tmath' cut-studentinfo.txt
```

执行结果：

……

| 04 | Wanghong | M | 19 | physical |
| 05 | Zhangli | M | 18 | math |

上例为在指定行追加新行，如果要在指定行插入新行则用动作参数"i"，如果要使修改作用于文件，则使用"-i"选项，如：

```
[root@localhost temp]# sed –i '5i 05\tZhangli\tM\t18\tmath' cut-studentinfo.txt
```

例 9.25 可用如下命令将 cut-studentinfo.txt 文件的第五行(第四条记录)替换为"No this student！"：

```
[root@localhost temp]# sed '5c No this student!' cut-studentinfo.txt
```

执行结果：

……

| 03 | Yangmin | M | 21 | math |
| No | this | student! |

例 9.26 可用如下命令将 cut-studentinfo.txt 文件中第五行的"Wanghong"替换为"Wangli"：

```
[root@localhost temp]# sed '5s\Wanghong\Wangli\g' cut-studentinfo.txt
```

执行结果：

……

| 03 | Yangmin | M | 21 | math |
| 04 | Wangli | M | 19 | physical |

注意：该命令将把第五行中所有的"Wanghong"替换为"Wangli"。

例 9.27 可用如下命令将 cut-studentinfo.txt 文件中所有的"M"替换为"W"，把所有的"18"替换为"20"：

```
[root@localhost temp]# sed -e 's\M\W\g;s\18\20\g' cut-studentinfo.txt
```

执行结果：

ID	NAWE	SEX	AGE	DEPARTWENT
01	Lining	W	20	computer
02	Waoling	W	20	english
03	Yangmin	W	21	math
04	Wanghong	W	19	physical

命令中使用了"-e"选项，运行 sed 命令执行多个操作，多个操作之间用"；"分隔，动作中没指定行号，表示在全文中执行指定的操作。

上述示例中都没有使用选项"-i"，所以所有的操作没有作用到文件本身，只是对文件的输出进行了修改，如果要将修改永久保存到文件，则使用 "-i" 选项即可。

9.3　字符处理命令

9.3.1　排序命令 sort

sort 命令的功能是将指定文件的内容按某种方式排序。

命令格式：

[root@localhost~]# sort[选项] 文件名

选项说明：

-f：忽略大小写。

-n：指定以数值型数据进行排序，缺省使用字符顺序排序。

-r：反向排序。

-t：指定分隔符，缺省分隔符是 Tab 制表符。

-k n[,m]：按指定范围的字段排序。从第 n 字段开始，m 字段结束(缺省是行尾)。

例 9.28　可用如下命令对 cut-studentinfo.txt 文件内容按字符顺序排序：

[root@localhost temp]# sort cut-studentinfo.txt

例 9.29　可用如下命令对 cut-studentinfo.txt 文件内容按反向字符顺序排序：

[root@localhost temp]# sort -r cut-studentinfo.txt　　#排序顺序正好与例 9.28 相反

例 9.30　可用如下命令对/etc/passwd 文件按每行的第 3 个字段排序：

[root@localhost temp]# sort -n -t ":" -k3,3 /etc/passwd

执行结果：

root:x:0:0:root:/root:/bin/bash

bin:x:1:1:bin:/bin:/sbin/nologin

daemon:x:2:2:daemon:/sbin:/sbin/nologin

adm:x:3:4:adm:/var/adm:/sbin/nologin

lp:x:4:7:lp:/var/spool/lpd:/sbin/nologin

……

命令中的选项 "-n" 指定按数字类型的值进行排序，默认升序排序，"-t" 选项指定分隔符为 "："，"-k3,3" 指定按第 3 个字段排序。

9.3.2　统计命令 wc

wc 命令用于统计指定文件中的行数、单词数和字符数。

命令格式：

[root@localhost temp]# wc [选项] 文件名

选项说明：

-l：只统计行数(line)。

-w：只统计单词数(word)。

-m：只统计字符数(mark)。

例 9.31 可用如下命令统计 cut-studentinfo.txt 文件中的行数、单词数和字符数：

[root@localhost temp]# wc cut-studentinfo.txt

执行结果：

 5　25 122 cut-studentinfo.txt

这表示 cut-studentinfo.txt 文件共有 5 行、25 个单词、122 个字符。如果只统计文件的
行数、单词数或字符数，则使用相应的命令选项即可。

9.4 条 件 判 断

9.4.1 判断特定类型的文件是否存在

判断文件是否存在可以用如下两种命令格式：

[root@localhost temp]# test [选项] 文件名

或

[root@localhost temp]# [[选项] 文件名]

两种格式功能相同，后者多用于 Shell 脚本编程，其中，最外层的一对方括号是必需的
命令符号，且"["的后面和"]"的前面必须有空格。

选项说明：

-b：判断该文件是否为块(block)设备文件且存在，如果是，则结果为真。

-c：判断该文件是否为字符(character)设备文件且存在，如果是，则结果为真。

-d：判断该文件是否为目录(directory)文件且存在，如果是，则结果为真。

-e：判断该文件是否存在(exist)，如果是，则结果为真。

-f：判断该文件是否为普通文件(file)且存在，如果是，则结果为真。

-z：判断该文件名是否为空，如果是，则结果为真。

-L：判断该文件是否为链接(link)文件且存在，如果是，则结果为真。

-p：判断该文件是否为管道(pipine)文件且存在，如果是，则结果为真。

-s：判断该文件是否存在并且非空，如果是，则结果为真。

-S：判断该文件是否存在并且为套接(socket)字文件，如果是，则结果为真。

例 9.32 可用如下命令判断/etc/passwd 文件是否存在：

[root@localhost temp]# test -e /etc/passwd

或

[root@localhost temp]# [-e /etc/passwd]

例 9.33　可用如下命令判断/temp 目录文件是否存在(该目录的确存在)，如果存在就输出"yes"，否则输出"no"：

[root@localhost temp]# [-d /temp] && echo yes || echo no

执行结果：

yes

9.4.2　判断文件权限

判断文件权限也可以用如下两种命令格式：

[root@localhost temp]# test [选项] 文件名

或

[root@localhost temp]# [　[选项] 文件名　]

该命令只能判断文件是否有读、写或执行权限，而不能精确判定是所有者、所属组还是其他人有相应权限。比如：所有者、所属组或其他人三种用户中只要有一种用户对该文件有读权限，其结果就是真。

选项说明：

-r：判断指定文件是否存在且有读权限，如果是，则结果为真。

-w：判断指定文件是否存在且有写权限，如果是，则结果为真。

-x：判断指定文件是否存在且有执行权限，如果是，则结果为真。

-u：判断指定文件是否存在且拥有 SUID 权限，如果是，则结果为真。

-g：判断指定文件是否存在且拥有 SGID 权限，如果是，则结果为真。

-k：判断指定文件是否存在且拥有 SBIT 权限，如果是，则结果为真。

例 9.34　可用如下命令判断 cut-studentinfo.txt 文件是否有读权限，如果是输出"yes"，否则输出"no"：

[root@localhost temp]# [-r cut-studentinfo.txt] && echo yes || echo no

执行结果：

yes

9.4.3　文件之间进行比较

文件比较可以用如下两种命令格式：

[root@localhost temp]# test 文件名 1 [选项] 文件名 2

或

[root@localhost temp]# [文件名 1 [选项] 文件名 2]

选项说明：

-nt：判断文件 1 和文件 2 的修改时间，如果文件 1 的修改时间更接近于当前时间，则结果为真。

-ot：判断文件 1 和文件 2 的修改时间，如果文件 1 的修改时间更早于当前时间，则结果为真。

-ef：判断文件 1 和文件 2 的 Inode 是否一致，即是否为同一文件，常用于判断是否为硬链接。

例 9.35　新建 cut-studentinfo.txt 的硬链接文件 studentinfo.txt，验证这两个文件为同一文件。

首先，新建 cut-studentinfo.txt 文件的硬链接文件 studentinfo.txt：

[root@localhost temp]# ln cut-studentinfo.txt zhengze/studentinfo.txt

然后，显示两个文件的 Inode：

[root@localhost temp]# ls -li cut-studentinfo.txt　　./zhengze/studentinfo.txt

执行结果：

261738 -rw-r--r--. 2 root root 122 Apr 29 04:48 cut-studentinfo.txt

261738 -rw-r--r--. 2 root root 122 Apr 29 04:48 ./zhengze/studentinfo.txt

由于两个文件的 Inode 相同，所以是同一文件，用编程的方法验证如下：

[root@localhost temp]# test cut-studentinfo.txt -ef ./zhengze/studentinfo.txt \

&& echo yes ‖ echo no

执行结果：

yes

9.4.4　整数比较

比较两个数的大小可用如下两种命令格式：

[root@localhost temp]# test 整数 1 [选项] 整数 2

或

[root@localhost temp]# [　整数 1 [选项] 整数 2]

选项说明：

-eq：如果整数 1 和整数 2 相等(equal)，则结果为真。

-ne：如果整数 1 和整数 2 不相等(not equal)，则结果为真。

-gt：如果整数 1 大于(greater than)整数 2，则结果为真。

-lt：如果整数 1 小于(less than)整数 2，则结果为真。

-ge：如果整数 1 大于等于(greater than or equal)整数 2，则结果为真。

-le：如果整数 1 小于等于(less than or equal)整数 2，则结果为真。

例 9.36　可用如下命令判断两个变量的值是否相等：

[root@localhost temp]# var1=2

[root@localhost temp]# var2=6

[root@localhost temp]# [$var1 -eq $var2] && echo yes ‖echo no

执行结果：

no

9.4.5　字符串比较

命令格式类似于前述整数比较。

选项说明：

-z：单目运算，如果字符串为空，则结果为真。

-n：单目运算，如果字符串不为空，则结果为真。

==：双目运算，如果两个字符串相等，则结果为真(注意：运算符两边要有空格)。

! =：双目运算，如果两个字符串不相等，则结果为真(注意：运算符两边要有空格)。

例 9.37　可用如下命令比较两个字符串是否相等：

[root@localhost temp]# var_c_1="CentOS"　　#等号的两边不能有任何空格

[root@localhost temp]# var_c_2=ubunto　#中间无空格的字符串赋值，可以不用引号

[root@localhost temp]# [$var_c_1 == $var_c_2] && echo yes‖echo no

执行结果：

no

需要说明的是：判断两个整数是否相等用"-eq"选项，而判断两个字符串是否相等要用"=="选项。

9.4.6　多重条件判断

多重条件判断命令的格式类似于字符串比较：

[root@localhost temp]# [逻辑表达式 1　选项　逻辑表达式 2]

选项说明：

-a：双目运算，如果逻辑表达式 1 和逻辑表达式 2 同时成立，则结果为真。

-o：双目运算，逻辑表达式 1 和逻辑表达式 2 只要有一个成立，则结果为真。

!：单目运算，逻辑非。

例 9.38　可用如下命令判断如果 var1=3 且 var2=6，则输出"yes"：

[root@localhost temp]# var1=3

[root@localhost temp]# var2=6

[root@localhost temp]# [$var1 -eq 3 -a $var2 -eq 6] && echo yes ‖ echo no

输出结果：

yes

9.5　流　程　控　制

Shell 编程中，流程控制语句主要包括顺序控制、分支控制和循环控制三类，其语法类似于其他高级语言，这里主要介绍后两类流程控制语句。

9.5.1 if 选择语句

1. 单分支 if 语句

if 语句中，如果使用";"作为分隔符，整个 if 语句的程序块就可以写在一行，其语法格式如下：

if 逻辑判断式；then 程序体；fi # fi 是 if 语句的结束标志

不使用";"分隔时，then 和 fi 都要另起一行，其语法格式如下：

if 逻辑判断式

then 程序体

fi

其中，逻辑判断式是 test 判断语句(按 test 命令格式书写)，if 是语句开始标识符，fi 是语句结束标识符，then 表示当逻辑判断式的值为真时，执行其后的程序体。

例 9.39 可用如下命令判断 var1 的值是否为 3，如果是输出"ok!"：

[root@localhost temp]# if [$var1 -eq 3]; then echo ok; fi

例 9.40 编写 Shell 脚本文件"partition_test.sh"，当/dev/sda1 分区使用率达到 80%以上后发布预警。

新建 partition_test.sh 脚本文件：

[root@localhost temp]# vi partition_test.sh

在该文件中输入如下内容：

```
#!/bin/bash
#Author:Yh
rate=$(df -h |grep /dev/sda1 | awk '{print $5}' |cut -d % -f 1)
if [ $rate -ge 80 ]
then
    echo "warning: Partition sda1 is full!"
fi
```

编辑完成后，保存退出，然后执行如下命令：

[root@localhost temp]# chmod 755 ./partition_test.sh #为文件设置执行权限

[root@localhost temp]# ./partition_test.sh #执行脚本文件

脚本中的"#!/bin/bash"指定此脚本使用/bin/bash 作为解释器。其中，#!是一个特殊的表示符，其后跟着解释此脚本的 Shell 路径。变量 rate 的赋值表达式必须是以"$"开头的一对圆括号，括号里是表达式。默认新建文件没有执行权，所以要用 chmod 命令授予执行权限。一般情况，脚本文件以 .sh 为后缀，以方便用户管理。

把该脚本与定时任务结合起来，可以完成定时检查分区的任务。

2. 两分支 if 语句

两分支 if 语句类似于单分支 if 语句，语法格式如下：

if 逻辑判断式；then 程序体；else 程序体；fi

if、then、else 和 fi 各部分也可以不写在同一行，这时要去掉相应的 "；"。

例 9.41　编写 Shell 脚本，完成对 cut-studentinfo.txt 文件的备份。

执行相应的 vim 命令，进入 Shell 脚本文件编辑模式，输入如下脚本程序：

```
1 #!/bin/bash
2 #Author:Yh
3    dt=$(date +%y%m%d)    #以年月日格式获取当前时间
4    size=$(du -sh /temp/cut-studentinfo.txt)   #获取被备份文件的大小
5  if [ -d /temp/bkp_student ]     #判断目录/temp/bkp_student 是否存在
6          then
7                  echo "directory is existent!"
8          else
9                  echo "The directory unexisted!"
10                 mkdir /temp/bkp_student
11  fi
12   echo "Date: $dt" >/temp/bkp_student/bkp_student.txt    #把备份时间写入文件
13   echo "Size: $size" >>/temp/bkp_student/bkp_student.txt # 把文件大小写入文件
14   cd /temp/bkp_student
15   # 将/temp/cut-studentfinfo.txt 和 bkp_student.txt 两个文件一起压缩，压缩文件名包
        含日期信息($dt)，压缩产生的所有临时文件全部丢弃(&>/dev/null)
16   tar -zcf studentinfo_backup_$dt.tar.gz /temp/cut-studentinfo.txt bkp_student.txt &>
     /dev/null
17   rm -fr bkp_stuent.txt   #压缩结束后，删除临时文件
```

本例中，压缩产生的文件名为 studentinfo_backup_180430.tar.gz。用下面的命令查看压缩包中的文件：

[root@localhost bkp_student]# tar -ztvf studentinfo_backup_180430.tar.gz

执行结果：

-rw-r--r-- root/root   122 2018-04-29 04:48 temp/cut-studentinfo.txt

-rw-r--r-- root/root   50 2018-04-30 11:44 bkp_student.txt

3. 多分支 if 语句

多分支 if 语句的语法格式如下：

if 逻辑判断式 1；then 程序体 1；elif 逻辑判断式 2；then 程序体 2；……；else 程序体 n；fi

当然，在多分支语句中，各部分也可以不写在同一行，这时要去掉相应的 "；"。

例 9.42　判断 var1 的值是否为 1，如果是，则输出 "The value of var1 is: 1"，否则判断 var1 的值是否为 2，如果是，则输出 "The value of var1 is: 2"，否则输出 "The value of var1 is othes."。

该问题属于多分支选择情况，所以使用多分支 if 语句，编写程序如下：

[root@localhost bkp_student]# if [$var1 -eq 1]; then echo "The value of var1 is:1"; \

elif [$var1 -eq 2]; then echo "The value of var1 is:2"; \

else echo "The value of var1 is othes."; fi

执行结果：(略)

例 9.43　下面的 Shell 脚本判断输入文件是否存在，如果不存在就返回，如果存在则进一步判断文件的类型：

```
#! /bin/bash
#Author:Yh
    read -p "please input a name of file:" file    #从键盘输入一个文件名赋值给 file 变量
if [ -z $file ]    #判断文件名是否为空
        then
                echo "Warning: the length of the file can't be 0! "
                exit 1    #跳出程序并返回数值：1
elif [ ! -e $file ]     #判断文件是否存在
        then
                echo "Error:the file $file unexisted! "
                exit 2      #跳出程序并返回数值：2
elif [ -f $file ]
        then
                echo "$file is a normal file."
elif [ -d $file ]
        then
                echo "$file is a derictory."
else
                echo "$file is an other file."
```

9.5.2　case 语句

与 if 语句的多分支结构类似，case 语句也是一种多分支选择语句，不同的是 if 语句可以判断多种不同变量的条件，而 case 语句只能针对一个变量进行多种情况的判断，即某一特定变量取不同值的情况。其语法格式如下：

```
case $变量名 in
值 1)程序体 1;;
值 2)程序体 2;;
……
*)  程序体 n;;
esac
```

case 的各部分也可以写在同一行,注意用分号分隔(对于 case 语句,两种格式都要用双分号分隔):

case $变量名 in 值 1)程序体 ;; 值 2)程序体 ;; …… ;; *)程序体 ;; esac

例 9.44 可用如下命令语句判断 var1 变量的值,如果 var1=1,则打印"*",如果 var1=2,则打印"**",如果为其他情况,则打印"***":

[root@localhost ~]# var1=3

[root@localhost ~]# case $var1 in 1) echo "*";; 2) echo "**";; *) echo "***" ;; esac

执行结果:

***

9.5.3　for 循环语句

1. 循环次数不定的 for 循环结构

这种格式适合循环次数不定的情况,其语法格式如下:

for 变量 in 值 1 值 2 …… 值 n

do

　　　　程序体

done

该 for 语句循环 n 遍,第一次循环把值 1 赋值给变量,第二次循环把值 2 赋值给变量,依此类推。如果写在一行,则相应的语法格式如下:

for 变量 in 值 1 值 2 …… 值 n;do　　程序体;　　done

例 9.45　编写一个 Shell 脚本 whatday.sh,要求输出星期日~星期六。

执行相应的 vim 命令,进入 whatday.sh 文件的编辑模式,输入如下脚本程序:

#! /bin/bash

#Author:Yh

for Day in Sunday Monday Tuesday Wednesday Thursday Friday Saturday

　　do

　　　　echo "Today is $Day"

done

注意:第三行中"Day"变量名前不能用"$"符号,这里不是引用变量而是给变量赋值。

例 9.46　编写 Shell 脚本文件 unzip_batch.sh,批量解压/temp 目录下所有以 tar.gz 为后缀的压缩文件。

执行相应的 vim 命令,进入 unzip_batch.sh 文件的编辑模式,输入如下脚本程序:

#! /bin/bash

Author:Yh

cd /temp

ls *.tar.gz >ls.txt　　#显示以 tar.gz 为后缀的所有文件,并输出重定向到 ls.txt 文件

```
for file in $(cat ls.txt)    #注意必须要有"$"、"( )"两个符号
        do
                echo "The filename is:$file"
                tar -zxf $file &> /dev/null   #逐个解压文件
done
```

2. 循环次数确定的 for 循环结构

这种格式适合循环次数确定的情况，其语法格式如下：

```
for((赋初始值；循环控制条件；改变控制变量))
do
        程序体
done
```

例 9.47 编写 Shell 脚本 sum.sh，求 1+2+3+…+100 的值。

执行相应的 vim 命令，进入 sum.sh 文件的编辑模式，输入如下脚本程序：

```
#! /bin/bash
# Author:Yh
sum=0
for((i=1;i<101;i=i+1))
        do
                        sum=$((sum+i))    #可以写为：sum=$(($sum+i))
done
echo "The sum is:$sum"
```

例 9.48 编写 Shell 脚本 useradd_batch.sh，批量增加系统用户。

执行相应的 vim 命令，进入 useradd_batch.sh 文件的编辑模式，输入如下脚本程序：

```
#! /bin/bash
# Author:Yh
read -p "please input username:" -t 30 user
read -p "please input passward:" -t 30 pass
read -p "please input number of users:" -t 30 num
#三个值只要有一个输入为空，就进行警告，并令程序强行返回
if [ -z "$user" ] || [ -z "$pass" ] || [ -z "$num" ]
        then
                echo "Warning：username\passward\number of users can't be blank!"
                exit 1
fi
#如果用户数量不是数字类型，则强制程序返回
                y=$(echo $num | sed 's/[0-9]//g')
        if [ ! -z $y ]
```

```
                    then
                            echo "Please enter the correct value for the number of users!"
                            exit 2
            fi
# 循环添加指定数量的用户
            for ((i=1;i<=$num;i=i+1))
                do
                    /usr/sbin/useradd $user$i &>/dev/null
                    echo $pass l/usr/bin/passwd --stdin $user$i &>/dev/null
            done
            echo "The user has been successfully added!"
```

运行该脚本，依次输入：user、yhao、5，程序运行完后执行以下命令：

[root@localhost temp]# cat /etc/passwd

执行结果：

……

user1:x:500:500::/home/user1:/bin/bash

user2:x:501:501::/home/user2:/bin/bash

user3:x:502:502::/home/user3:/bin/bash

user4:x:503:503::/home/user4:/bin/bash

user5:x:504:504::/home/user5:/bin/bash

这表明已经添加了 5 个用户。

关于该例题的两点解释：

• 语句 "if [-z "$user"] || [-z "$pass"] || [-z "$num"]" 不能用 "if [-z "$user" -r -z "$pass" -r -z "$num"]" 替换，否则会报错！

• 语句 "echo $pass l/usr/bin/passwd --stdin $user$i" 的解释：修改用户 $user$i 的密码，--stdin 指接收 echo 的管道输出作为密码。

9.5.4　while 语句

while 语句也是一种循环控制语句，其语法格式如下：

while [循环条件]

do

　　循环体；

done

注意：关键词 while 后面 "[" 的后面和 "]" 的前面必须要有空格符。

例 9.49　编写 Shell 脚本 sum_while.sh，求 1+2+…+100 的值。

执行相应的 vim 命令，进入 sum_while.sh 文件的编辑模式，输入如下脚本程序：

#!/bin/bash

```
i=1
sum=0
while [ $i -le 100 ]
do
      sum=$(($sum+$i))
      i=$(($i+1))
echo "前$(($i-1))个数的和是$sum"
done
echo "1+2+3+…+100=$sum"
```

9.5.5　until 语句

while 循环语句中，循环体的执行条件是：只要循环条件成立，就一直执行，直到循环条件不成立；而 until 语句中，循环体的执行条件是：只要循环条件不满足，则一直执行，直到循环条件得到满足。while 语句的语法格式如下：

```
until [ 循环条件 ]
do
      循环体；
done
```

同样，关键词 until 后面"["的后面和"]"的前面必须要有空格符。

用 until 语句改写例 9.49，实现同样功能：

```
#!/bin/bash
i=1
sum=0
until   [ $i -gt 100 ]
do
      sum=$(($sum+$i))
      i=$(($i+1))
echo "前$(($i-1))个数的和是$sum"
done
echo "1+2+3+…+100=$sum"
```

习题与上机训练

9.1　命令"cat /etc/passwd | grep c*"和"cat /etc/passwd | grep cc*"执行结果有什么异同？

9.2　写一个正则表达式，要求在文件/etc/passwd 中查找包含特定字符串的行，该字符串以"s"开头、以"d"结尾且"s"与"d"之间为两个任意字符。

9.3 设计一个密码规则,要求密码长度6~8位,其中前两位必须为任意非数字符号,后4~6位为0~9的任意数字字符,请用正则表达式表示。

9.4 提取 cut-studentinfo.txt 文件中第二行的姓名(第二列)和部门(第五列)两个字段。

9.5 提取/etc/passwd 中用户名 yh 的 UID。

9.6 使用 printf 命令将0~9十个数字按如下格式输出:

    0   1   2   3
    4   5   6   7
    8   9

9.7 提取分区信息表中/dev/sda2 分区的占用率的分数值,并将其存储于变量 occupacy 中。

9.8 编写 Shell 脚本,截取/etc/passwd 文件中 UID 大于等于 500 而小于等于 65 535 的所有用户的用户名和 UID。

9.9 将文件/etc/passwd 的第三行和第四行输出到屏幕。

9.10 将文件/etc/passwd 的内容输出到屏幕,输出时删除第三行和第四行,而不删除文件本身的内容。

9.11 在/tmp/temp/cut-studentinfo.txt 文件中加入一个新行(修改保存到文件)。

9.12 将 9.11 题中加入的新行替换为"The student has graduated."(修改保存到文件)。

9.13 删除 9.12 题中加入的新行(修改保存到文件)。

9.14 用一条命令,将/tmp/temp/cut-studentinfo.txt 文件的中所有的"math"替换为"physical"、所有的年龄"19"替换为"20"(修改保存到文件)。

9.15 对 cut-studentinfo.txt 文件按第二个字段排序,并统计该文件的行数。

9.16 创建 cut-studentinfo.txt 文件的硬链接文件,用条件判断命令验证硬链接文件和原文件是否为同一文件,如果是返回"yes",否则返回"no"。

9.17 判断字符串变量 name1 的值是否为"lining"、整型变量 var2 的值是否为"4",如果两个条件同时成立则返回"yes",否则返回"no"。

9.18 在命令提示符下编写 if 语句,判断/etc/passwd 文件是否存在,如果存在输出"ok!",否则输出"no!"。

9.19 编写 Shell 脚本文件"partition_test_2.sh",判断/dev/sda2 分区使用率是否达到80%以上,如果是则发布预警。

9.20 编写 Shell 脚本,从键盘输入一个文件名,判断该文件是否存在,如果不存在则返回提示信息,如果存在则判断文件的类型。

9.21 编写 Shell 脚本,从键盘输入学生成绩 score,如果 score<60,则输出"不及格",如果 60≤score<80,则输出"及格",如果 80≤score<90,则输出"良好",否则,输出"优秀"。

9.22 编写 Shell 脚本,分别用 for 语句、while 语句和 until 语句求 1+2+…+n 的值,n 的大小由键盘输入。

9.23　编写 Shell 脚本，输出如下图形：

```
   *
  ***
 *****
*******
 *****
  ***
   *
```

9.24　编写 Shell 脚本，批量增加系统账户，账户数量由键盘输入，同时为用户设置相同的初始密码。

9.25　编写 Shell 脚本，批量压缩/temp 目录下所有以 .txt 为后缀名的文件。

第 10 章 系统管理

本章学习目标

1. 掌握进程运行状态的查看、管理方法。

2. 掌握系统工作任务管理、系统资源监控的常用方法。

3. 了解系统定时任务的概念，掌握设置定时任务的基本方法。

10.1 进程管理

10.1.1 进程查看

程序是指令、数据及其组织形式的描述。进程是程序的实体,是程序基于某数据集合的一次运行活动,是系统进行资源分配与调度的基本单位。一个程序的运行至少产生一个进程。查看进程对资源的占用情况、了解服务器的运行状态、维护服务器的健康运行是进程管理的主要内容。

1. 查看系统进程命令 ps

ps 命令(process status)的完整目录是/bin,所有用户都可以执行,其功能是查看所有进程。

命令格式:

[root@localhost~]# ps [-aux | -le]

选项说明:

-aux:选项"-a"、"-u"、"-x"的组合,其中"-a"表示所有前台进程,"-u"表示产生进程的用户,"-x"表示所有后台进程,合起来的作用是查看系统中的所有进程。这些选项是使用 BSD(Unix)操作系统模式的。

-le:选项"-l"与"-e"的组合,"-l"表示显示进程的详细信息,"-e"表示显示所有进程,合起来的作用是使用 Linux 标准命令格式查看系统中的所有进程。

"aux"选项和"-le"选项的执行效果是相同的,常用"aux"选项。

例 10.1 可用如下命令查看当前系统启动的所有进程:

[root@localhost ~]# ps -aux

显示结果:

USER	PID	%CPU	%MEM	VSZ	RSS	TTY	STAT	START	TIME	COMMAND
root	1	0.0	0.2	19232	1540	?	Ss	May07	0:01	/sbin/init
root	2	0.0	0.0	0	0	?	S	May07	0:00	[kthreadd]
root	3	0.0	0.0	0	0	?	S	May07	0:00	[migration/0]
root	4	0.0	0.0	0	0	?	S	May07	0:00	[ksoftirqd/

……

显示结果中,每条记录都是一个进程,每一个进程都由 11 个字段来描述。表 10.1 对 11 个字段的含义进行了解释。

2. 查看系统运行状态命令 top

top 命令的完整目录是/usr/bin,所有用户都可以使用,其功能是查看系统运行状态。

命令格式:

[root@localhost~]# top [选项]

表 10.1 描述进程的各属性的含义

字段名称	说　明
USER	产生进程的用户
PID	进程 ID 号(process ID)
%CPU	该进程占用 CPU 资源的百分比
%MEM	该进程占用物理内存(memory)资源的百分比
VSZ	该进程占用虚拟内存的大小(virtual memory size)，单位为 KB
RSS	该进程常驻内存集的大小(resident set size)，单位为 KB
TTY	该进程通过哪个终端产生(tty1～tty6 代表本地字符界面终端，tty7 代表本地图像界面终端，pts/0～255 代表远程虚拟终端)。如果该值是"？"，则表示该进程是由内核产生的
STAT	该进程的运行状态(status)："R"表示运行(running)；"S"表示睡眠(sleeping)；"T"表示停止；"s"表示子进程(sub process)；"+"表示后台运行
START	该进程的启动时间
TIME	该进程占用 CPU 的运算时间
COMMAND	产生该进程的命令

选项说明：

-d：指定 top 命令几秒钟更新一次执行结果，默认值是 3 秒。

在 top 命令的交互模式下，可以执行如下命令：

？或 h：显示交互帮助信息。

P：按 CPU 使用率排序，这也是缺省值。

M：按内存使用率排序。

N：按 PID 排序。

q：退出 top 命令交互模式。

例 10.2 可用如下命令查看系统运行状态：

[root@localhost~]# top

运行结果：

top - 10:44:25 up 20 min, 2 users, load average: 0.00, 0.00, 0.00
Tasks: 72 total, 1 running, 71 sleeping, 0 stopped, 0 zombie
Cpu(s): 0.0%us, 0.0%sy, 0.0%ni,100.0%id, 0.0%wa, 0.0%hi, 0.0%si, 0.0%st
Mem: 618888k total,   148284k used,   470604k free,   22428k buffers
Swap: 1245176k total,   0k used, 1245176k free,   38920k cached

```
 PID USER     PR  NI  VIRT  RES  SHR S %CPU %MEM  TIME+   COMMAND
   7 root     20   0     0    0    0 S  0.3  0.0  0:00.35 events/0
   1 root     20   0 19232 1500 1224 S  0.0  0.2  0:01.12 init
```

top 命令的运行结果包含了丰富的系统状态信息，现结合上述示例进行如下解释：

前五行是对系统状态的整体描述，可以看出，系统状态的最近一次更新(默认每 3 秒更新一次)时间是 10:44:25，系统已持续运行了 20 分钟(up 20 min)，目前有两个用户登录系统(2 users)，系统在 1 分钟、5 分钟、15 分钟前的平均负载均为 0.00(load average: 0.00, 0.00, 0.00)。平均负载越小越好，一般认为平均负载小于 1 时，认为系统负载比较小，大于 1 时，认为系统已超负荷运行，当然，这与服务器 CPU 的内核数有关：对于四核的 CPU，该值不超过 4 是正常的；对于八核的 CPU，该值不超过 8 是正常的，依此类推。

从第二行可以看出，目前共有 72 个进程，1 个在运行，71 个处于睡眠，0 个停止运行，0 个僵尸进程。如果僵尸进程数不为 0，那么可能是出现了如下情况：一种情况是服务正在停止而没有完全停止，这种情况等服务停止后问题就会自然消失；另一种情况是的确存在僵尸进程，这时就需要分析情况，做出处理。

第三行是 CPU 状态信息，可以看出用户模式(user)占用的 CPU 百分比为 0.0%(0.0%us)，系统模式(system)占用的 CPU 百分比为 0.0%(0.0%sy)，改变优先级的用户进程占用的 CPU 百分比为 0.0%(0.0%ni)，CPU 空闲(idle)时间比为 100.0%(100.0%id)，等待 I/O(wait)的进程占用 CPU 百分比为 0.0%(0.0%wa)，硬中断(hard interruption)请求服务占用 CPU 百分比为 0.0%(0.0%hi)，软中断(soft interruption)请求服务占用的 CPU 百分比为 0.0%(0.0%si)，当有虚拟机时，虚拟 CPU 等待实际 CPU 的时间(steal time)百分比为 0.0%(0.0%st)。

第四行是物理内存信息，可以看出物理内存总容量是 618888k，已经使用了 148284k，空闲内存 470604k，作为缓冲的内存容量为 22428k。

第五行是交换分区(swap)信息，可以看出交换分区总容量为 1245176k，已使用 0k，空闲 1245176k，用于缓存的交换分区为 38920k。

接下来的信息与 ps 命令显示的信息类似。

注意： 杀死进程前，先正常停止服务。

3．按树状结构查看进程命令 pstree

pstree 命令的完整路径是/usr/bin，所有用户都可以使用，其功能是以树状结构显示进程信息。

命令格式：

[root@localhost~]# pstree [选项]

选项说明：

-p：显示进程 PID。

-u：显示进程所属用户。

该命令可以以树状结构显示进程间的父子关系，以及父进程的子进程个数、进程 ID 和发起进程的用户。

10.1.2 终止进程

1．kill 命令

kill 命令的完整目录是/bin，所有用户都可以使用，其功能是用于查看进程的信号或终止进程。

查看进程信号时使用如下命令格式：

[root@localhost ~]# kill -l

该命令可以列出信号的编号和名称，表 10.2 对常用的几种进程信号的含义进行了详细说明。

表 10.2 进程的常见信号及含义

信号编号	信号名称	含　义
1	SIGHUP	该信号让进程立即关闭，然后重新读取配置文件后重启
9	SIGKILL	立即结束进程，本信号不能被阻止、忽略，一般用于强制终止进程
15	SIGTERM	该信号正常结束进程，是 kill 命令的缺省信号。但是，当进程出现异常时，该信号无法正常结束进程，需要用 9 号信号强制结束进程

终止进程时使用如下命令格式：

[root@localhost ~]# kill [-1 |-9 |-15] 进程 ID

命令中的选项 "-1"、"-9" 和 "-15" 的功能如上表所述。如果不加任何选项就是正常结束进程。如果某个子进程被终止后需要重启，则需要通过重启父进程来重启子进程，当终止父进程时，父进程的所有子进程全部被终止。

例 10.3 终止 vim 进程。

第一步，用 ps 命令查看 vi 进程，获得 vi 进程的 PID：

[root@localhost ~]# ps aux | grep vi

第二步，终止进程：

[root@localhost ~]# kill -9 2007

2．killall 命令

kilall 命令的完整目录是/bin，所有用户都可以使用，其功能是通过进程名来终止进程。进程名相同的进程全部会终止。

命令格式：

[root@localhost ~]# killall [选项] [信号编号] 进程名

选项说明：

-i：交互式，询问是否要终止某个进程。

-I：忽略进程名大小写。

其中的 "信号编号" 与 kill 命令中的信号编号功能相同。

例 10.4 可用如下命令终止 http 进程(名称为 http 的进程、包括子进程会全部终止)：

[root@localhost ~]# killall -i http

3．pkill 命令

pkill 命令的完整目录是/bin，所有用户都可以使用，其功能与 killall 类似，通过进程名来终止进程，不同的是，pkill 可以按照终端号强迫用户退出系统。

命令格式：

[root@localhost ~]# pkill [选项] [信号编号] 进程名

选项说明：

-t：按照终端号踢出用户。

例 10.5 强制某在线用户退出系统。

第一步，查看系统当前已登录的用户：

[root@localhos~]# w

执行结果：

USER	TTY	FROM	LOGIN@	IDLE	JCPU	PCPU	WHAT
root	tty1	-	Tue10	9:05	0.10s	0.10s	-bash
root	pts/0	192.168.250.101	Tue14	0.00s	0.05s	0.00s	w

可以看出系统在线用户有两个：一个是通过 tty1 登录，一个是通过 pts/0 登录。

第二步，按终端号强制用户退出系统(假设使终端号为 tty1 的 root 用户退出系统)：

[root@localhost ~]# pkill -9 -t tty1

然后执行 w 命令：

[root@localhos~]# w

执行结果：

USER	TTY	FROM	LOGIN@	IDLE	JCPU	PCPU WHAT
root	pts/0	192.168.250.101	Tue14	0.00s	0.06s	0.00s w

这时会发现通过 tty1 登录的用户 root 不在线了，该用户需要重新登录才能进入系统。

10.2 工作任务管理与系统资源监控

10.2.1 工作任务管理

1．将进程转入后台运行

在 Windows 系统中同时可以执行多个程序，而前台运行的只有一个，其他程序都在后台运行。Linux 系统中也可以使前台运行的程序转入后台运行。

Linux 中有两种方法可以将前台程序转入后台：一是在输入执行命令时，加"&"符号，如"tar –vczf temp.sh.tar.gz /temp &"；二是在执行命令的过程中，按"Ctrl+Z"组合键。

不同的是：用第一种方法转入后台后，程序还在运行，而用第二种方法转入后台后，程序是暂停的。

2．查看后台运行进程

jobs 命令用于查看后台工作。

命令格式：

[root@localhost~]# jobs [-l]

选项说明：

-l：显示进程的 PID。

例 10.6　可用如下命令显示当前系统中后台运行的进程：

[root@localhost ~]# jobs -l

执行结果：

[1]　　　2151 Stopped (tty output)　　vi aaa　(wd: /mnt/cdrom/Packages)

[2]-　　　2153 Stopped　　　　　　　tar -zcvf etc.tar.gz /etc

[3]+　　　2155 Stopped　　　　　　　vi whatday

每一条记录表示后台运行的一个进程，可以看出后台有三个进程，而且都处于停止状态。每条记录行首的数字代表后台工作的工作号，最大的工作号代表最后转入后台的进程，最小的工作号代表最先转入后台的进程；标有"+"的进程，表示在恢复到前台时具有最高优先级，其次是标有"－"的进程。

3．将后台工作恢复到前台执行

fg 命令用于将后台暂停的进程恢复到前台运行。

命令格式：

[root@localhost ~]# fg　工作号

缺省工作号时，恢复优先级最高的进程。

4．将前台工作恢复到后台运行

bg 命令用于将前台运行的工作转入后台运行。

命令格式：

[root@localhost ~]# bg　工作号

缺省工作号时，恢复优先级最高的进程。需要注意的是，只有与用户没有交互的作业才能恢复后台运行，与用户有交互的作业是不能恢复后台运行的(即使转入后台也处于停止状态)。

例 10.7　可用如下命令将例 10.6 中的 2 号工作恢复后台运行：

[root@localhost ~]# bg 2　# 2 号工作与用户没有交互，所以可以在后台运行

10.2.2　监控系统资源使用情况

1．监控系统全部资源使用情况命令 vmstat

vmstat 命令的完整路径是/usr/bin，所有用户都可以使用，其功能是监控系统资源使用情况。

命令格式：

[root@localhost ~]# vmstat [刷新延时　刷新次数]

例 10.8　可用如下命令监控 3 次系统使用情况，每 15 秒刷新一次：

[root@localhost ~]# vmstat 15 3

执行结果：

```
procs ---------memory-------- ---swap-- -----io---- --system-- -----cpu-----
 r b swpd   free    buff  cache  si so  bi bo  in cs  us sy  id  wa st
 0 0  0   335560  32500 151192  0  0   2  1   8  8   0  0  100  0  0
 0 0  0   335552  32508 151212  0  0   0  1   7  7   0  0  100  0  0
 0 0  0   335552  32508 151212  0  0   0  1   6  7   0  0  100  0  0
```

执行结果中有 3 条记录,分别是 3 次监控结果,每次刷新的时间间隔为 15 秒,监控到的信息非常多。通常,我们主要关注内存(memory)使用情况和 CPU 的空闲(id)时间。

2. 检测内核信息命令 dmesg

dmesg 命令的完整目录是/bin,所有用户都可以使用,用于查看开机时的内核检测信息。

命令格式:

[root@localhost ~]# dmesg

例 10.9   查看开机检测时的 CPU 信息和网卡信息。

dmesg 命令的显示结果的信息量非常庞大,所以需要对感兴趣的信息进行过滤,依次执行下面两条命令,参看 CPU 和网卡的信息:

[root@localhost ~]# dmesg | grep CPU

[root@localhost ~]# dmesg | grep eth0

3. 查看内存使用状态的命令 free

free 命令的完整路径是/bin,所有用户都可以使用,用于查看内存使用情况。

命令格式:

[root@localhost ~]# free [选项]

选项说明:

-b:以字节为单位存储容量。

-k:以 KB 为单位存储容量,这也是缺省显示模式。

-m:以 MB 为单位存储容量。

-g:以 GB 为单位存储容量。

例 10.10   可用如下命令查看系统内存使用情况(以 MB 为单位):

[root@localhost ~]# free -m

执行结果:

	total	used	free	shared	buffers	cached
Mem:	604	277	327	0	32	147
-/+ buffers/cache:		97	506			
Swap:	1215	0	1215			

我们关心的是第一行和第二行的数据,第三行关于交换分区(swap)使用情况我们不做解释。假设用"1"和"2"分别表示第一行和第二行,用列标题表示列号,做如下解释:total1 为物理内存总容量;used1 为分配给 buffers 和 cached 使用的内存总量;free1 为未被分配使用的内存;shared1 为共享内存,一般不会用到;buffers1 为已分配但未使用 buffers;

cached1 为已分配但未使用的 cached; used2 为已实际使用的内存总量, 即实际使用的 buffers 和 cached 总量; free2 为系统当前实际可使用的内存。

可以看出:

total1=used1+free1=used2+free2

used1=used2+buffers1+cached1

free2=free1+buffers1+cached1

4. 查看 CPU 信息

文件/proc/cpuinfo 中记录了 CPU 的详细信息, 服务器开机时将检测到的 CPU 信息写入该文件, 服务器关机或断电时该文件信息丢失, 所以/proc/cpuinfo 中的信息是动态更新的。该文件信息量很大, 我们主要通过该文件查看 CPU 自身的性能参数。可以通过如下命令查看该文件:

[root@localhost ~]# cat /proc/cpuinfo

5. uptime 命令

uptime 命令的完整目录是/usr/bin/, 所有用户都可以使用, 其功能是查看系统的运行时间、在线用户数和平均负载等信息, 与 top 命令显示的第一行信息相同, 只不过 top 显示的信息是动态更新的。

命令格式:

[root@localhost ~]# uptime

6. 查看内核相关信息的命令 uname

uname 命令的完整目录是/bin, 所有用户都可以执行, 其功能是查看内核相关信息, 主要用于查看内核版本信息。

命令格式:

[root@localhost ~]# uname [选项]

选项说明:

-a: 查看系统所有相关信息。

-r: 查看内核版本信息。

-s: 查看内核名称, 这也是缺省选项。

7. 查看当前操作系统的位数

Linux 没有提供查看操作系统位数的专用命令, 但 file 命令可以查看文件类型, 在用该命令来查看任何一个系统外部命令(如 ls、tar、mkdir 等)的文件类型时, 显示信息中包含当前系统的位数。

例 10.11 可用如下命令查看当前操作系统的位数:

[root@localhost ~] file /usr/whereis

执行结果:

/usr/bin/whereis: ELF 64-bit LSB executable, x86-64, version 1 (SYSV), dynamically linked (uses shared libs), for GNU/Linux 2.6.18, stripped

从 "ELF 64-bit" 可知，当前操作系统的位数为 64 位。

8. 查看当前系统的发行版本

Linux 系统有很多发行版本，如 Ubuntu、CentOS、Redhat 等，lsb_release 命令用于查看当前 Linux 系统的发行版本。

命令格式：

[root@localhost ~]# lsb_release -a

也可以通过如下命令达到相同的目的：

[root@localhost ~]# cat /etc/issue

在 Linux 系统第一次执行 lsb_release -a 命令时会报出 "命令找不到" 的错误，这样我们一般都尝试 yum -y install lsb_release 命令来安装 lsb_release 命令，但是系统又会提示 "No package lsb_release available.Error: Nothing to do"。下面解决此类问题。

第一步，执行下面命令，通过目标命令名称(lsb_release)查找 lsb_release 命令所属的安装包：

[root@localhost ~]# yum provides */lsb_release

执行结果：

……

redhat-lsb-core-4.0-7.el6.centos.i686 : LSB base libraries support for CentOS

……

这告诉我们 lsb_release 命令的安装包是 redhat-lsb-core-4.0-7.el6.centos.i686。

第二步，安装 lsb_release 命令：

[root@localhost ~]# yum install redhat-lsb-core-4.0-7.el6.centos.i686

这样就成功安装了 lsb_release 命令。

9. 查看进程打开或使用的文件信息

lsof 命令的完整目录是/usr/sbin，只有 root 用户有执行权限，其功能是按某种方式查看某个进程所打开的文件。

命令格式：

[root@localhost~]# lsof [选项]

选项说明：

-c：显示以指定字符串开头的进程打开的文件。

-u：显示指定用户的进程打开的文件。

-p：显示指定 PID 的进程打开的文件。

10.3　系统定时任务

系统定时任务是指让服务器在特定的时候自动完成指定的任务。

10.3.1　crond 服务管理与访问控制

crond 是定时服务管理工具，默认是开机自启动的，如果需要手工启动，则可以执行下面的命令：

[root@localhost ~]# service crond restart

执行下面的命令查看 crond 服务的开启状态：

[root@localhost ~]# chkconfig --list | grep crond

执行结果：

crond　　　　　　　　0:off　　1:off　　2:on　　3:on　　4:on　　5:on　　6:off

可以看出，crond 服务在 2～5 运行等级下都是开启的。执行下面的命令可查看系统运行等级：

[root@localhost ~]# cat /etc/inittab

10.3.2　crontab 设置

crontab 命令的完整目录是/usr/bin，所有用户都可以执行，其功能是设置 crontab 表，但只能显示当前用户的定时任务。其命令格式如下：

[root@localhost ~]# crontab [选项]

选项说明：

-e：编辑 crontab 定时任务表。

-l：查看 crontab 定时任务列表。

-r：删除当前用户 crontab 表中的所有任务。

10.3.3　编辑定时任务

第一步，执行下列命令，进入 crontab 定时任务编辑器：

[root@localhost ~]# crontab -e

第二步，编辑定时任务条目：

定时任务编辑格式为：***** 要执行的命令。表 10.3 解释了五个"*"号的含义。

例如：45 16 * * *：表示每天 16 时 45 分；

0 14 * * 1：表示每周一的 14 点整；

0 6 1,15 * *：表示每月 1 日和 15 日的 6 点整；

20 12 * * 1-5：表示周一至周五的 12 点 20 分；

*/10 4 * * *：表示每天凌晨 4 点每隔 10 分钟执行一次；

0 0 1,15 * 1：表示每月的 1 号、15 号、星期一的 0 点整。

表 10.3　定时任务中"*"的含义

星号位置	含　义	取　值
第一个星号	一小时中的第几分钟	0～59
第二个星号	一天中的第几小时	0～23
第三个星号	一个月中的第几天	1～31
第四个星号	一年中的第几月	1～12
第五个星号	一周中的星期几	0～7 (0 和 7 都表示周日)

从示例中不难看出，如果某位为"*"，则表示该位所在时间单位的任何时间，","表示同一时间单位的时间列表，"-"表示同一时间单位的连续时间，"*/n"表示每隔 n 个时间单位。

第三步，保存退出。

例 10.12　编写定时任务，每隔 3 分钟向/temp/aaa 文件中写入一次"hello world!"字符串。

第一步，打开 crontab 的 vi 编辑器：

[root@localhost ~]# crontab -e

第二步，在打开的编辑器中输入如下内容：

*/3 * * * * /bin/echo "hello world!" >> /temp/aaa

第三步，保存退出。

例 10.13　每月的 1 号、10 号、20 号的凌晨 6 点，运行一次/temp/backup_studentinfo.sh 脚本。

类似于例 10.12，打开 crontab 的 vi 编辑器，写入如下定时任务，然后保存退出即可：

0 6 1,10,20 * * /temp/backup_studentinfo.sh

例 10.14　可用如下命令查看系统定时任务列表有哪些定时任务：

[root@localhost ~]# crontab -l

执行结果：

*/3 * * * * /bin/echo "hello world!" >> /temp/aaa

0 5 1,10,20 * * /temp/backup_studentinfo.sh

可以看出系统目前有两个定时任务。

如果有不需要执行的定时任务，则执行"crontab –e"命令，进入编辑模式，删除相应的定时任务条目即可。若要删除全部定时任务，则用命令"crontab -r"删除。

习题与上机训练

10.1　查看当前系统运行状态，并对显示信息进行解释。

10.2　用 kill 命令结束一个正在运行的用户进程(注意：如果结束系统进程，有可能影响系统正常运行)。

10.3　/etc 是一个较大的文件目录，将其拷贝到/tmp/temp 目录下(不要对原目录直接编辑，以防损坏文件)，对/etc 的副本/tmp/temp/etc 目录进行压缩，同时将其转入后台运行。

10.4　查看当前系统 CPU、内存使用情况。

10.5　查看当前系统所使用的操作系统类型、内核相关信息、操作系统位数及发行版本等信息。

10.6　编写一个定时任务，要求系统每周一凌晨零点，自动将/tmp/temp/cut_studentinfo.txt 文件拷贝到/tmp 目录下。

10.7　编写一个定时任务，要求系统每周一、三、五 13:00 自动运行/tmp/temp/sum.sh 脚本程序。

第11章 系统维护

本章学习目标

1. 了解 Linux 系统日志、日志文件的日志记录格式和日志配置文件的结构。

2. 了解日志轮替的概念，掌握查看和设置日志轮替的常用方法。

3. 了解系统运行级别的概念，掌握设置和查看系统运行级别的方法。

4. 了解系统引导程序的工作过程，掌握对 grub 的加密方法、单用户模式下用户密码的破解方法、光盘修复模式下 grub 密码的破解方法及系统文件的修复方法。

5. 掌握文件备份与恢复的基本方法。

11.1 日 志 管 理

11.1.1 日志管理概述

1．Linux 系统日志简介

系统日志记录了用户对系统的操作痕迹和系统运行过程中的错误信息等内容，当系统被攻击或由于误操作等原因而受到损坏时，日志可以帮助管理员查找故障原因。

从 CentOS6.x 起， rsyslogd 就取代了原来的 syslogd 作为日志服务，但 rsyslogd 可以兼容 syslogd。rsyslogd 功能更强大、网络传输更安全，同时在配置文件中支持逻辑表达式。

日志服务在默认情况下开机自启动，用下面的命令可以查看当前活动进程中是否有 rsyslogd 服务，进而判定日志服务是否启动：

[root@localhost~]#ps aux |grep rsyslogd

执行结果：

root 892 0.0 0.2 249084 1268 ？ S1 Apr19 0:00 /sbin/rsyslogd –I /var/run/syslogd.pid –c 5

……

这说明 rsyslogd 已经启动。

下列命令查看服务是否自启动：

[root@localhost~]# chkconfig --list | grep rsyslogd

执行结果：

rsyslogd　　　　0:off 1:off 2:on 3:on 4:on 5:on 6:off

这说明 rsyslogd 服务在周二、周三、周四、周五开机自启动，而在其他时间关闭了开机自启动功能。

2．常见日志文件及功能

Linux 系统中的日志文件很多，大部分日志文件都保存在/var/log 目录下。系统默认的日志文件及其功能如表 11.1 所述。

表 11.1　日志文件及其功能

日志文件名称	功　　能
/var/log/cron	记录与系统定时任务相关的日志
/var/log/cups	记录有关打印任务的日志
/var/log/dmesg	记录系统开机自检的相关信息，也可以使用 dmesg 命令直接查看内核自检信息
/var/log/btmp	记录有关错误登录的日志。该文件为二进制文件，不能直接通过 vi 查看，要使用 lastb 命令查看，举例如下： [root@localhost~]# lastb

续表

日志文件名称	功　　能
/var/log/btmp	显示如下信息： root tty1 Thu Apr 19 01:34:25 2018 btmp begis Thu Apr 19 01:34:25 2018 这表明有人在 2018 年 4 月 19 日星期四 1:34:25 秒利用 root 账号在本地终端 1 登录错误
/var/log/lastlog	记录系统中所有用户最后一次登录系统的时间。该文件也是二进制文件，要使用 lastlog 命令查看
/var/log/mailog	记录邮件相关的日志
/var/log/message	记录系统重要信息的日志，这个文件中记录了 Linux 系统的绝大部分重要信息，是系统出现故障时首先要检查的文件
/var/log/secure	记录系统身份验证和授权方面的相关信息，比如系统登录、su 切换用户、sudo 授权、添加用户、修改用户密码等都会记录到这个文件中
/var/log/wtmp	永久记录所有用户的登录、注销信息，同时记录系统的启动、重启、关机事件。同样这个文件也是一个二进制文件，要使用 last 命令查看
/var/run/utmp	该文件随用户的登录和注销而不断变化，只记录当前登录用户的信息。该文件也是二进制文件，用 w、who、users 等命令查看

除了系统默认的日志之外，采用 RPM 方式安装的系统服务也会默认把日志记录在 /var/log 目录中，利用源码包安装的服务日志记录在源码包指定目录中。不过这些日志不是由 rsyslogd 日志服务来记录与管理的，而是由程序本身的日志管理文档来记录的。例如，表 11.2 列出了一些主要程序的日志文件。

表 11.2　部分主要程序日志文件

日志文件名称	功　　能
/var/log/httpd	RPM 包安装的 apache 服务的默认日志目录
/var/log/mail	RPM 包安装的邮件服务的额外日志目录
/var/log/samba	RPM 包安装的 samba 服务的日志目录
/var/log/sssd	守护进行安全服务目录

11.1.2　rsyslogd 日志服务

1. rsyslogd 日志文件格式

rsyslogd 服务器的日志文件中，每一条记录包含一条日志信息，每条记录由四个字段组成，字段之间用"："分隔，这四个字段的含义如下所述：

- 第一个字段：事件发生的时间；
- 第二个字段：发生事件的服务器的主机名；
- 第三个字段：发生事件的服务名称或程序；

- 第四个字段：事件的具体信息。

例 11.1 查看系统身份验证和授权方面的相关日志信息。

我们知道，系统身份验证和授权方面的相关日志信息是记录在/var/log/secure 日志文件中的，所以执行以下命令即可：

[root@localhost ~]# cat /var/log/secure

执行结果：

……

Sep 15 15:46:51 localhost su: pam_unix(su:session): session opened for user yh by root(uid=0)

Sep 15 15:47:15 localhost su: pam_unix(su:session): session opened for user root by root(uid=500)

……

2．日志配置文件

日志配置文件/etc/rsyslog.conf 用于配置日志的记录方式。日志配置文件中的每一条记录就是一个日志信息，每条记录按"服务名称 连接符号 日志等级 日志记录位置"格式进行记录。

例 11.2 可用如下命令查看邮件服务相关的日志记录位置：

[root@localhost ~]# cat /etc/rsyslog.conf |grep mail

执行结果：

……

mail.*   -/var/log/maillog

其中的"mail"表示邮件服务产生的日志信息，"."是连接符，表示只要比指定日志等级高的日志都记录，"*"表示任何等级的日志，"-/var/log/maillog"指定了邮件服务产生的日志的记录位置。

下面依次对服务名称、连接符、日志等级、日志记录位置进行详细说明。

常见的服务名称及功能如表 11.3 所示。

表 11.3　常见的服务名称及功能

服务名称	功　　能
auth	安全和认证相关消息(不推荐用 authpriv 替代)
authpriv	安全和认证相关消息(私有)
cron	系统定时任务 cron 和 at 产生的日志
daemon	和各个守护进程相关的日志
ftp	ftp 守护进程产生的日志
kern	内核产生的日志(非用户进程产生)
loca10-local7	为本地使用预留服务

续表

服务名称	功　能
lpr	打印产生的日志
mail	邮件发送产生的信息
news	与新闻服务相关的日志
syslog	由 syslog 服务产生的日志信息(虽然服务名已经改为 rsyhslog，但是很多配置都还是沿用 syslog 的)
user	用户等级类别的日志信息
uucp	uucp 子系统的日志信息(uucp 是早期 Linux 系统进行数据传递的协议，后来也常用在新闻组服务中)
*	表示任何服务信息

对日志配置文件中连接符号的说明如表 11.4 所示。

表 11.4　连接符号及功能说明

连接符号	说　明
. [日志等级]	只要比指定日志等级高的(包含该日志等级)日志都记录。例如："cron.info"代表 cron 服务产生的日志，只要日志等级大于等于 info，就记录
.=[日志等级]	只记录与指定日志等级相同的日志，其他等级的日志不记录
.![日志等级]	除指定等级外的其他所有日志全部记录

对日志配置文件中日志等级的说明如表 11.5 所示。

表 11.5　日志等级及相关说明

日志等级	说　明
*	代表任何日志等级，如："authpriv.*"表示与认证相关的服务产生的所有等级的日志都记录下来
debug	一般的调试信息
info	基本的通知信息
notice	普通信息，也包含一些重要信息
warning	警告信息，但还是不影响系统或服务的运行
err	错误信息，这种等级的信息会影响到系统或服务的运行
crit	临界状态信息，比 err 等级严重
alert	警告状态信息，比 crit 严重，须立即采取措施
emerg	疼痛等级信息，系统已经无法使用
none	最高日志等级，如：".none"表示不记录日志信息

对日志配置文件中日志记录位置的说明如表 11.6 所示。

表 11.6 日志记录位置及相关说明

日志位置	说　　明
本机目录	指定日志记录位置为本机日志文件的绝对路径，如：/var/log/secure
设备文件	将日志记录在系统设备文件中，如：/dev/lp0
用户名	将日志发送给指定的用户，如 root 用户，指定用户必须在线，否则收不到日志信息
远程主机	将日志发送给远程主机，相当于部署了一台日志服务器，如：@192.168.250.102:512
~	不记录日志，将所有的日志信息丢弃
*	把日志发送给任何人

例 11.3 可用如下命令查看新闻服务产生的日志的记录情况：

[root@localhost ~]# cat /etc/rsyslog.conf | grep news

执行结果：

Save news errors of level crit and higher in a special file.

uucp,news.crit　　　　　　　　　　　　　　　　　　　　　/var/log/spooler

11.1.3　日志轮替

如果把日志记录在固定的一个日志文件中，其存储量会随着时间的推移而不断增加，既浪费空间，又不利于查看、利用。Linux 有两种办法解决上述问题：第一种办法是每天都为特定服务的日志创建一个新的日志文件，将每天的日志记录在不同的日志文件中，同时删除过期的日志，即日志切割；第二种办法是把特定服务的日志记录在同一日志文件中，按一定的周期淘汰(删除)过时日志，这就是日志轮替。

1．日志文件的命名规则

为了避免新的日志文件覆盖相应的旧日志文件和便于管理，日志文件的命名通常遵循如下规则：

日志轮替也有相应的配置文件/etc/logrotate.conf，如果配置文件中配置了 dateext 参数，那么日志会用日期来作为日志文件名的后缀，这样每天的日志都会有一个独立的日志文件名，如 secure 服务在 2018 年 4 月 26 日的日志文件可命名为"secure-20180426"。

如果配置文件中没有 dateext 参数，那么就把序数词作为日志文件的后缀。比如，如果 secure 服务昨天的日志文件名为 secure.1，则明天的日志文件名就是 secure.2，后天的日志文件名就是 secure.3，依此类推。

2．logrotate.conf 日志轮替配置文件

logrotate.conf 日志轮替配置文件中的参数说明如表 11.7 所示。

表 11.7 logrotate.conf 日志轮替配置文件参数及相关说明

参　　数	说　　明
daily	日志的轮替周期为每天
weekly	日志的轮替周期为每周
monthly	日志的轮替周期为每月
rotate Number	保留日志文件的个数，若 Number 的值为"0"，则表示没有备份
compress	日志轮替时是否压缩旧的日志
create mode owner group	建立新日志，同时指定新日志的权限与所有者和所属组。如：creat 0600 root utmp
mail address	当日志轮替时，将输出的内容通过邮件发送到指定的邮件地址。如：mail yhqqfuf@qq.com
missingok	如果日志不存在，则忽略该日志的警告信息
notifempty	如果日志为空文件，则不进行日志轮替
minsize Number	日志替换的最小值，如果未达到最小值，即使轮替时间到达也不轮替
size Number	只有当日志大于指定大小时才进行日志轮替，而不是按照时间轮替。如：size 1M
dateext	使用日期作为日志轮替文件名的后缀

对于 RPM 包和 yum 安装的服务，系统都自动在日志轮替配置文件中进行了相应配置，源码包安装的服务需要手工配置日志轮替配置文件，使其按一定的周期自动进行日志轮替。

例 11.4　Apache 服务器的访问量是非常大的，其日志存储量的增长速度也很快。请为 Apache 服务器设置日志轮替。

第一步，进入日志轮替配置文件：

[root@localhost~]# vi /etc/logrotate.conf

第二步，写入如下日志轮替的设置内容，要求每天备份，备份时创建新的日志文件，保留 30 个日志目录：

```
/usr/local/apache2/logs/access_log {
    daily
    create
    rotate 30
}
```

其含义是：Apache 服务器每天进行一次备份，保留 30 个备份文件(即备份文件达到 30 个后开始轮替)。

注意：上述格式不可变，是规范的 logrotate.conf 格式，其中"/usr/local/apache2/logs/access_log"是 Apache 服务的日志文件的绝对路径。

3. logrotate 命令

logrotate 命令用于查看日志轮替情况或进行强制日志轮替。其命令格式如下：

[root@localhost~]# logrotate [选项] 日志轮替配置文件

选项说明：

-v：显示日志轮替过程。

-f：强制进行日志轮替，不管日志轮替的条件是否符合设置的条件。

例 11.5　　可用如下命令查看日志轮替情况：

[root@localhost log]# logrotate -v /etc/logrotate.conf

例 11.6　　可用如下命令强制进行日志轮替：

[root@localhost log]# logrotate -f /etc/logrotate.conf

11.2 启 动 管 理

11.2.1 系统运行级别

默认情况下，Linux 把系统运行级别分为 6 个等级，各运行等级的说明如表 11.8 所示。

表 11.8 Linux 系统运行级别及相关说明

运行级别	说　　明
0	关机
1	单用户模式，类似于 Windows 系统的安全模式，主要用于系统修复
2	不完全的命令行模式，不含 NFS 服务
3	完全的命令行模式，即标准的字符界面
4	系统保留
5	图形界面
6	系统重启动

1. 改变系统运行级别

init 命令用于将当前运行级别切换到指定运行级别。其命令格式如下：

[root@localhost~]# init 运行级别

下列命令的功能依次为关闭系统、切换为图形界面、重启系统：

[root@localhost~]# init 0　　　#关机系统(不推荐使用该方法关闭系统，因为这样关机时

　　　　　　　　　　　　　　　　 不保存正在使用的数据)

[root@localhost~]# init 5　　　#切换到图形界面

[root@localhost~]# init 6　　　#重启系统

2．查看当前运行级别

runlevel 命令用于查看系统当前的运行级别。其命令格式如下：

[root@localhost~]# runlevel

运行上述命令后系统显示：

N　3

说明系统当前运行级别是 3，在这之前的运行级别是 N(N 代表"none"，表示系统开机就直接进入了级别 3)。

3．改变系统默认运行级别

/etc/inittab 配置文件定义了系统开机时的默认运行级别，可以通过编辑该文件来设置系统默认运行级别。其命令格式如下：

[root@localhost~]# vi /etc/inittab

运行上述命令后，会进入/etc/inttab 文件，文件的最后一行是：

id:3:initdefault:

其中的"3"表示系统的默认运行级别为 3。要想让系统开机后直接进入图形界面，把"3"改为"5"即可，前提是系统必须安装了图形界面。

思考：如果把系统默认的启动级别改为"0"或"6"，将会出现什么结果？

11.2.2　启动引导程序 grub

1．grub 设备文件名

grub 分区的表示方法与 Linux 中设备文件名的命名规则不同，如设备文件名/dev/sda1代表第一块 SCSI 硬盘的第一个主分区，设备文件名/dev/sdb5 代表第二块 SCSI 硬盘的第一个逻辑分区，等等。在 grub 中，把所有类型的硬盘都用"hd"来表示。grub 设备文件名统一使用如下表示格式：

(hdn，m)

这表示第 n+1 个硬盘的第 m+1 个分区，例如：(hd0,0)表示第一块硬盘的第一个分区，(hd1,2)表示第二个硬盘的第三个分区。

2．grub 配置文件

表 11.9 详细说明了 grub 配置文件包括的主要信息。

表 11.9　grub 配置文件的主要信息及相关说明

参　数	说　明
default	grub 配置文件中列出了系统已安装的所有操作系统，默认值为"0"，表示默认启动第一文件系统，如果该值为"1"，则启动第二个操作系统，依此类推
timeout	默认值为"5"，即默认的等待时间为 5 s，若时间到还未做出选择，则执行默认操作，启动 default 参数指定的文件系统
splashimage	默认值是"(hd0,0)/grub/splsh.xpm.gz"，指定 grub 启动时的背景图像文件的保存位置
hiddenmenu	隐藏菜单

使用如下命令可以修改 grub 配置文件参数：

[root@localhost~]# vi /boot/grub/grub.conf

3. grub 加密

使用如下命令可为 grub 命令加密：

[root@localhost~]# grub-md5-crypt

下面是 grub 加密过程：

第一步，执行上述命令后，根据提示信息输入密码即可生成密文；

第二步，记录生成的密文信息；

第三步，进入配置文件 grub.conf：

[root@localhost~]# vi /boot/grub/grub.conf

第四步，紧随"timeout……"参数行添加新行，输入如下密文信息：

"password -md5 1JdW2q/$hc182rvcv9mTLyezLt5bu"

其中"1JdW2q/$hc182rvcv9mTLyezLt5bu"是密码的密文。

这样就完成了 grub 加密操作。加密后，在开机切入到 grub 的编辑界面时，就不会提示按"e"键进入编辑 grub 相关信息状态，而是提示"……Press enter to boot the selected OS or 'p' to enter a password to unlock the next set of features"，要求按"p"键并输入正确的密码，才能进行编辑。

11.2.3 系统修复模式

1. Linux 安全性

通常所说的 Linux 的安全性很好，是指 Linux 网络安全性很好。但就 Linux 主机而言，任何密码都可以破解。Linux 的安全链如下：BIOS 加密保护 grub 的安全性，grub 加密保护 Linux 用户的安全性。那么只要破解了 BIOS 的密码，就可以逐层破解 grub 密码和用户密码。所以，按如下路线就可以破解 Linux 的系统密码：BIOS 密码可以通过拆除主板电池，使 BIOS 失电来破解，grub 密码可以通过光盘修复模式来破解，用户密码可以通过单用户模式来破解。

2. 单用户模式破解用户密码

单用户模式常见的错误修复场合有：

• 忘记 root 密码；

• 修改了系统的默认运行级别，致使系统反复重启等；

• 内核本来不支持分辨率调整，却在/boot/grub/grub.conf 文件中设置了 vga 的值，而使系统不能启动，等等。

下面以恢复 root 密码为例，说明单用户模式的系统修复过程。

第一步，重启系统：

[root@localhost~]# reboot

第二步，进入 grub 的编辑界面，输入 grub 密码获得 grub 编辑权限，按"e"键，进入

grub 编辑状态。

第三步，将光标移到第二项(内核启动选项)，继续按"e"键，进入对该项目的编辑界面，显示内容如图 11-1 所示。

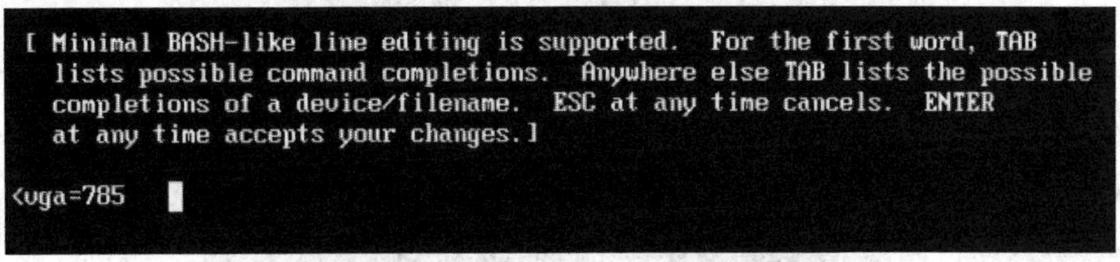

图 11-1   gurb 编辑界面——编辑内核启动项

在窗口末尾键入"1"，"1"表示单用户模式，如图 11-2 所示。

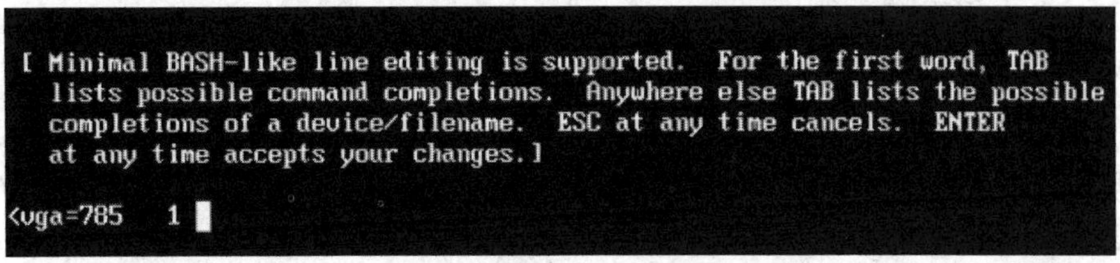

图 11-2   按单用户模式编辑

第四步，按回车键，回到 grub 编辑界面，按"b"键启动单用户模式。可以看到不需要输入任何密码就可以进入系统提示符下。

第五步，修改用户密码。如：

[root@localhost/]# passwd root

按提示修改密码即可。任何用户的密码都可以修改。

但是，在 grub 加密后，如果不知道或忘记 grub 密码，就没有机会启动单用户模式了。那么如何破解 grub 密码呢？

3．利用光盘修复模式破解 grub 密码、恢复系统文件

首先，利用光盘修复模式破解 grub 密码：

第一步，"放入光驱"，重启系统进入 BIOS，设置启动顺序为光盘启动。通过光盘启动后，挂载硬盘。

第二步，在"Welcome to CentOS 6.5"欢迎界面选择第三项("rescue installed system")以安全模式启动。

第三步，按提示操作。注意：到"Setup Networking"时选择"no"，直到出现如图 11-3 所示界面时，选择"Shell   Start shell"，进入"bash-4.1# "，这表示进入系统光盘，其他的所有存储设备需要挂载才能使用。

第四步，改变主目录，进入光盘修复模式：

bash-4.1# chroot /mnt/sysimage

第五步，进入/boot/grub/grub.conf 配置文件，删除 grub 密码：

bash-4.1# vi /boot/grub/grub.conf

删除密码后，保存并退出，然后重启硬盘即可。

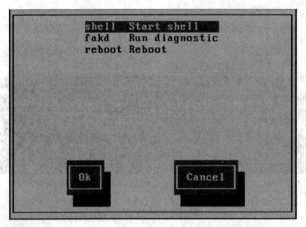

图 11-3   选择进入 bash-4.1# 提示符界面

其次，利用光盘修复模式找回系统重要文件。

/etc/inittab 是系统重要的启动配置文件，如果该文件丢失，系统就无法启动。现在通过光盘修复模式来找回该文件。

第一步，类似破解 grub 密码的操作步骤，进入光盘系统(bash-4.1#)并切换到光盘修复模式：

bash-4.1# chroot /mnt/sysimage

第二步，获取/etc/inittab 系统文件的 RPM 包全名：

bash-4.1# rpm -qf /etc/inittab   #这里只是演示，实际需要通过其他途径获取

第三步，创建光盘挂载点：

bash-4.1# mkdir /mnt/cdrom

第四步，挂载光盘：

bash-4.1# mount /dev/sr0   /mnt/cdrom

第五步，提取 inittab 系统文件到当前目录：

bash-4.1# cd /root

bash-4.1# rpm2cpio\

/mnt/cdrom/Packages/initscripts-9.03.40-2.e16.centos.x86_64 | cpio -idv ./etc/inittab

第六步，把当前目录下的/etc/inittab 文件拷贝到相应目录下，完成修复工作：

bash-4.1# cp ./etc/inittab /etc/inittab

11.3 备份与恢复

11.3.1 备份命令

1. 系统需要备份的数据

/root、/home、/var/spool/mail、/etc 等目录中的数据是需要备份的主要数据，当然其他

重要的个人数据也是需要备份的。另外，apache 的配置文件、网页主目录、日志文件，以及相关的数据库也需要定期备份，对于更重要的数据要进行异地备份。

2．备份策略

- 完全备份：把所有需要备份的数据全部备份下来。这种策略耗时、耗资源。
- 增量备份：把至上次备份数据以来，新增的数据或被修改过的数据进行备份，即每次备份的内容是基于上次备份的增量进行备份。增量备份节省时间和资源，但是恢复数据时比较麻烦，需要把每个增量备份恢复一次。
- 差异备份：每次都备份基于完全备份的增量，是一种折中的备份策略。

3．备份命令 dump

如果是完全备份，我们完全可以写一个备份(如 tar、cp 命令等)脚本来实现，并交给系统定期执行，但是对于增量备份、差异备份是比较难于用脚本来实现的，我们要用专用的备份命令 dump。其命令格式如下：

[root@localhost~] # dump[选项] 备份之后的文件名　原文件名或目录名

选项说明：

-level：指定 0～9 十个备份级别，用 0～9 十个数字表示，如"-0"表示完全备份，"-1"表示第一次增量备份，"-2"表示第二次增量备份，依此类推。

-f：指定备份之后的文件名。

-u：备份成功后，把备份时间记录在/etc/dumpdates 文件中。

-v：显示备份过程信息。

-j：调用 bzlib 库压缩备份文件，其实就是把备份文件压缩为.bz2 格式的文件。

-W：查看被 dump 命令备份的所有分区的备份等级及备份时间。

例 11.7　分区备份。完全备份/home 分区，并压缩为.bz2 格式的文件，同时把备份时间记录在/etc/dumpdates 文件中，备份后的文件存放在/tmp 目录下，文件名为 home.bak.bz2。

第一步，进行备份：

[root@localhost~]# dump -0uj –f /tmp/home.bak.bz2 /home/

第二步，查看备份时间、备份策略等信息：

[root@localhost~]# cat /etc/dumpdates

第三步，在/home 目录下新建一个文件，并输入一些信息，再进行备份级别为 1 的增量备份或差异备份，比较备份文件的大小，感受不同备份策略的差别：

[root@localhost~]# vim /home/dumptext.txt　　#新建并编辑一个文件

[root@localhost~]# dump -1uj –f /tmp/home.bak1.bz2 /home

第四步，显示/tmp/home.bak.bz2 和/tmp/home.bak1.bz2 两个文件的大小：

[root@localhost~]#ls -l /tmp

第五步，查询当前系统中各分区的备份时间和备份级别：

[root@localhost~]# dump -W

例 11.8　可用如下命令将/etc 目录备份到/home 目录下，备份后的文件名为 etc.dp.bz2：

[root@localhost~]# dump -0uj –f /home/etc.dp.bz2 /etc　　#备份级别只能为"0"

注意：文件和目录只能进行完全备份，不支持增量备份。

11.3.2　恢复命令

当原文件受到破坏或由于其他原因需要恢复数据时，可以通过 restore 命令将数据从备份文件中进行恢复。恢复数据的命令格式如下：

[root@localhost~]# restore [模式选项][选项]

模式选项说明：restore 命令常用的模式选项有以下四种，模式之间不能混用，一次最多只能用其中一种：

-C：比较备份数据和实际数据的变化。

-i：进入交互模式，手工选择需要恢复的文件。

-t：查看模式，用于查看备份文件中有哪些数据。

-r：还原模式，用于数据还原。

选项说明：

-f：指定备份文件的文件名。

例 11.9　　比较备份数据与原数据，验证原数据是否发生了变化。

以/home/dumptext.txt 文件为例：

第一步，将 /home/dumptext.txt 文件备份为/home/dumptext.bak.bz2：

[root@localhost~]# dump -0uj –f /home/dumptext.bak.bz2 /home/dumptext.txt

第二步，修改/home/dumptext.txt 文件名为/home/dumptext-next.txt(故意设置变化)：

[root@localhost~]# mv /home/dumptext.txt /home/dumptext-next.txt

第三步，比较备份文件与原实际文件：

[root@localhost~]# restore -C -f /home.dumptext.bak.bz2

执行结果：

……

Some files were modified! 1 compare errors

说明原文件发生了变化，这时就需要考虑是否恢复。

例 11.10　　可用如下命令查看备份文件包/home.dumptext.bak.bz2 中的信息：

[root@localhost~]# restore -t -f /home.dumptext.bak.bz2

例 11.11　　数据恢复。

第一步，建立一个目录/home/dumptext，将备份文件压缩包的内容解压到此目录(方便操作)：

[root@localhost~]# mkdir /home/dumptext

[root@localhost~]# cd /home/dumptext

第二步，恢复完整备份数据，恢复的同时自动解压缩：

[root@localhost dumptext]# restore –r –f /home/dumptext.bak.bz2

第三步，如果有增量备份，还需要恢复增量备份数据，有几个增量备份，就需要恢复几次。如：

[root@localhost dumptext] # restore –r –f /home/dumptext.bak1.bz2

注意： 如果是对文件的恢复，则只需恢复一次，因为文件不支持增量备份。

习题与上机训练

11.1　查看当前服务器是否启动了日志服务器 rsyslogd。

11.2　查看当前服务器的日志服务器 rsyslogd 自启动情况。

11.3　日志文件中的每条记录就是一条日志信息，查看/var/log/messages 日志文件信息，并举例说明日志信息所表示的含义。

11.4　查看/etc/syslog.conf 日志配置文件的信息，以其中一条配置信息说明其所表示的含义。

11.5　日志轮替有哪几种方式？日志轮替配置文件中，参数 dateext 的作用是什么？

11.6　请为/var/log/secure 配置日志轮替，要求每周创建日志，日志文件达到 5 个后开始轮替。

11.7　查看日志轮替情况，并进行强制日志轮替。

11.8　系统运行级别共分为 6 个级别，每个运行级别代表什么含义？如何查看、改变当前运行级别？如何改变系统默认运行级别？

11.9　加密 grub 以保护 grub 的编辑界面，并进行验证，验证结束后将其解密。

11.10　假设当前 Linux 系统的 grub 密码已加密，但 root 用户密码被忘记，请重新设置 root 密码，使 root 用户可以登录系统。

11.11　练习使用光盘修复模式破解 Linux 系统的 grub 密码。

11.12　练习使用光盘修复模式恢复系统重要文件信息。

11.13　将/boot 分区中的全部数据拷贝至/tmp/temp 目录中(安全起见)，完全备份/boot 分区，并压缩为.bz2 格式的文件，同时把备份时间记录在/etc/dumpdates 文件中，备份后的文件存放在/tmp 目录下，文件名为 boot.bak.bz2。

11.14　将/etc/passwd 文件拷贝到/boot 目录下，基于上题做一个增量备份，文件名为 boot.bak1.bz2。

11.15　基于上题对/boot 分区进行恢复，并查看恢复后的数据变化情况。(实验结束后，将/tmp/temp 目录中的文件全部拷贝至/boot 目录，以保证恢复到实验前的状态。)

参 考 文 献

[1] http://bbs.itxdl.cn/read-htm-tid-175068.html.

[2] https://baike.baidu.com/item/linux/27050.

[3] https://blog.csdn.net/wonderful_life_mrchi/article/details/78352227.

[4] https://www.cnblogs.com/soundcode/p/6576637.html.

[5] 何绍华，臧玮，孟学奇. Linux 操作系统. 北京：人民邮电出版社，2017.

[6] https://blog.csdn.net/bjnihao/article/details/51775854.

[7] 唐柱斌. Linux 操作系统与实训. 北京：清华大学出版社，2016.